국내외 4D 프린팅관련 산업분석보고서 2024개정판

저자 비피기술거래 비피제이기술거래

㈜ 비티타임즈

1. 4D 프린팅이란?

1. 4D 프린팅이란?

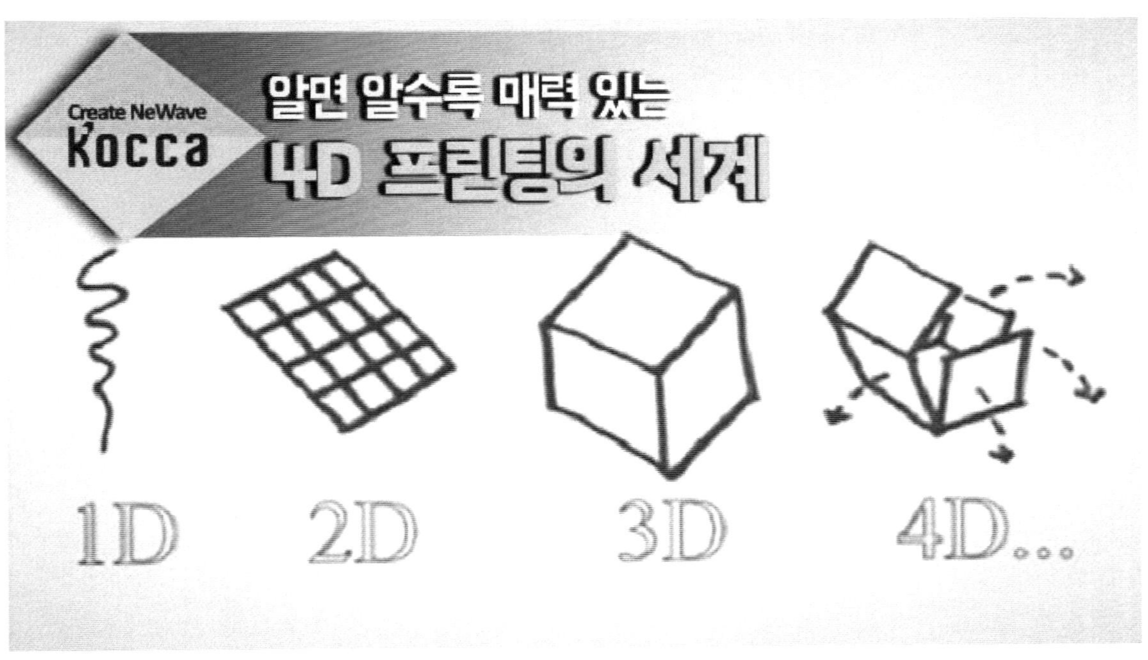

[그림 1] 4D 프린팅

1970년대 처음 등장한 '3D 프린팅'은 원하는 물건을 무엇이든 프린터로 찍어낼 수 있다는 장점을 내세우며 일간의 삶을 변화시킬 기술로 각광받으면서 집중적으로 개발되었다. 그 결과, 현재는 일반인이 장난감, 핸드폰 케이스 등 간단한 제품을 만들 수 있도록 보급형 3D 프린터가 만들어지고 있으며, 인공 뼈를 만드는 등 헬스케어 분야에서도 큰 관심을 받고 있다.

하지만, 3D 프린팅에는 출력물 크기의 한계와 부품을 만드는 경우 조립을 해야 한다는 단점이 지적되고 있다. 이러한 3D 프린팅의 단점을 극복하기 위해 제시된 것이 바로 '4D 프린팅'으로 현재 미래를 이끌 유망기술로 부상해 세계적으로 기술 개발 경쟁이 불붙는 분야가 되었다.

2013년에 미국 MIT 자가조립 연구의 스카일라 티비츠(Skylar Tibbits)교수의 '4D 프린팅의 출현(The emergence of '4D printing')'이라는 제목의 Ted강연을 통해 처음으로 세상에 나타난 4D 프린팅은 3D 프린팅에 자가변환과 자가조립 등의 개념이 더해진 것으로 기존 3D 프린팅의 한계로 지적받고 있는 크기의 제한과 부품 조립의 문제를 해결할 수 있다.

4D 프린팅은 1차 출력물을 만드는데, 이것은 완성이 아닌 다른 형상으로 변하기 위한 밑그림으로 출력된 물체는 가열, 진공, 중력, 공기역학 등 다양한 에너지에 의해 자극을 받아 변환가 자가조립을 수행한다.

[그림 2] 4D 프린팅의 출현(The emergence of '4D printing') 강연

이와같은 4D프린팅 제품을 만들려면 온도나 습도 등에 따라 모습이 변하는 '스마트 소재'를 사용해 3D프린터로 최종 제품의 설계도 역할을 할 제품을 출력해야 한다. 스마트 소재는 나무나 종이 등 기본적인 소재는 물론이고 형상기억합금이나 형상기업폴리머섬유 등 첨단소재까지 다양하게 활용할 수 있다. 1차 출력물이 처음에 설계했던 조건과 만나면 모습이 변하면서 최종 원하는 제품이 만들어진다. 모습이 변하는 과정에서 스스로 조립도 할 수 있다.

MIT가 공개한 4D프린팅 사례를 보면 물과 만나 팽창하는 나무를 이용해 코끼리 밑그림을 출력했는데, 이를 물에 담그면 코끼리 모형으로 변했다. 즉, 나무소재로 만든 결과물이 자가변환을 통해 최종 완성된 사례로 볼 수 있다. 또 다른 사례로는 종이로 만든 밑그림이 자가조립 과정을 거쳐 상자나 축구공 등으로 만들어지는 경우도 있다.

이러한 기능을 가진 4D프린팅은 3D프린팅을 적용하는 의료, 건설, 로봇 등의 분야는 물론이고 자체변환과 자체조립을 이용하면 3D프린팅으로 할 수 없던 한 단계 진화한 일들도 가능하게 할 것으로 보인다.

최근 국내 한 연구팀이 4D 프린팅 기술을 이용해 동물의 근육과 뼈를 재생시키는 놀라운 성과를 발표했다. 이들은 콜라겐과 하이드록시아파타이트로 만든 지지대를 4D 프린터로 제작했다. 하이드록시아파타이트(hydroxyapatite)는 치아와 뼈의 주성분으로 인공 뼈나 치아 임플란트, 화장품, 광촉매 재료로 광범위하게 사용된다. 연구팀이 만든 혼합 지지대를 뼈가 어긋난 생쥐에게 적용한 결과 골조직 형성이 증가했고 이식 부위 주변 조직에서 신생혈관도 효율적으로 생성되는 성과가 나타났다. 연구팀은 이와 유사한 연구를 진행하고 있으며 이러한 연구 결과를 토대로 앞으로 뼈와 인대, 신경조직, 골격근 등에도 응용할 수 있을 것이라고 밝혔다. 실용화를 위한 연구는 이제 시작이겠지만 앞으로 미래 인간의 몸을 기계로 만드는 데 있어 커다란 청신호가 터진 셈이다.[2]

---

1) [과학 핫이슈]3D 넘어서는 4D프린팅, 권건호, 전자신문, 2015.09.07
2) SF 영화 속 기술이 현실이 되다!'4D 프린팅'/ 삼성디스플레이 뉴스룸

2. 4D 프린팅 기술

2. 4D 프린팅 기술[3]

 3D 프린팅 기술은 3차원 공간개념과 프린팅 기술이 결합한 개념이다. 그렇다면 4D 프린팅 기술은 어떤 것일까?

 4D 프린팅 기술도 3D 프린팅 기술과 유사한 개념으로 3D 공간에 하나의 차원인 시간 개념을 추가한 것이다. 즉, 시간 개념이 들어 있는 3D 프린팅이라고 생각하면 된다. 3D 프린팅 기술이 디지털 정보와 3D 프린터를 이용하여 원하는 입체를 구현하는 것을 의미한다면, 4D 프린팅 기술은 이러한 3D 프린터에 의해서 나온 구조체가 환경에 반응하면서 시간에 따라 변화하는 개념을 추가하고 있다.

 다시 말하면, 3D 프린팅 기술을 이용해 만든 물체가 온도, 햇빛, 물 등의 요인에 따라 스스로 변형되도록 만드는 기술이 4D 프린팅 기술인 셈이다. 예를 들어 3D 프린터로 의수를 출력했다면, 특정 온도나 압력 혹은 외력의 특정 조건에 의해서 출력물의 손가락이 접히거나 움직일 수 있게 프린팅하는 것이 4D 프린팅이라 할 수 있다.

 4D 프린팅 기술의 원리는 3D 프린팅 기술을 기반으로 이루어져있다. 4D프린팅을 위해서는 우선, 캐드(CAD) 등의 모델링 프로그램으로 만들고 싶은 제품을 디자인하는 것부터 시작해야 한다. 이때, 이 디자인을 액체, 고체 형태의 플라스틱, 금속 등 다양한 재료를 넣은 3D 프린터로 출력해 3D 프린터로 만든 물체가 크기, 형태 등 다양하게 변화할 수 있도록 한 것이 바로 4D 프린팅이다.

 4D 프린팅 소재는 자극 반응형 소재와 스마트 소재로 구분가능하며 4D프린팅은 다양한 분야에서 적용 가능하나, 특히 생명공학이나 의료공학 관련 기술에 많이 사용된다. 인체에 들어가 암세포를 잘라내거나 약물을 전달하는 나노로봇 등에 접목하여 응용할 수 있기 때문이다.

---

3) 미래 사회를 이끌 4D 프린팅 기술, 문명운, 포항공대신문, 2015.10.07

가. 4D 프린팅 소재

기존의 3D 프린팅 소재는 플라스틱, 금속, 세라믹 등 종류도 매우 다양해지고 있다. 하지만, 4D 프린팅 기술을 구현 할 수 있는 특정 소재는 기존의 3D 프린터로 프린팅 할 수 없는 경우와 같이 4D 프린팅 기술에서 사용하기에는 소재 측면에서 여러 가지 제약이 따른 경우가 많다. 하지만, 최근 4D 프린팅이 큰 관심을 받으면서, 특정 기능성을 가진 소재가 개발되고 이를 프린팅할 수 있는 3D 프린터 및 공정 기술이 점차 개발되고 있다.

4D 프린팅 기술에서의 소재의 선택은 매우 중요한 부분이다. 처음 4D 프린팅에는 온도에 반응하여 길이나 형상이 변화하는 소재를 사용했고, 이후 온도에 의해서 팽창하거나 수축하는 소재나 더 나아가서 그 형상을 기억하여 변형하는 형상 기억합금[4]이나 형상기억 고분자가 사용되고 있다.

또한 물이나 액체를 쉽게 흡수하는 소재를 이용한 4D 프린팅 기술에 대한 발표가 나오고 있는데, 이는 물을 흡수할 수 있는 다공성 소재를 한 면에 프린트하고 그 반대 면에는 물을 흡수하지 않은 기공이 거의 없는 소재를 프린트하여 두 개의 다른 흡수성을 가진 구조체가 특정 형상을 만들어내도록 설계하는 방법이다. 이후 물속에 이 프린팅된 구조체를 담그게 되면 물을 흡수하는 면에서 급속히 흡수하면서 팽창이 일어나 물을 흡수하지 않는 면이 안쪽으로 가게 구조가 변하게 된다. 이러한 원리를 막대형상에 적용하면 구부러지거나 3차원 구조체를 구현하게 된다.

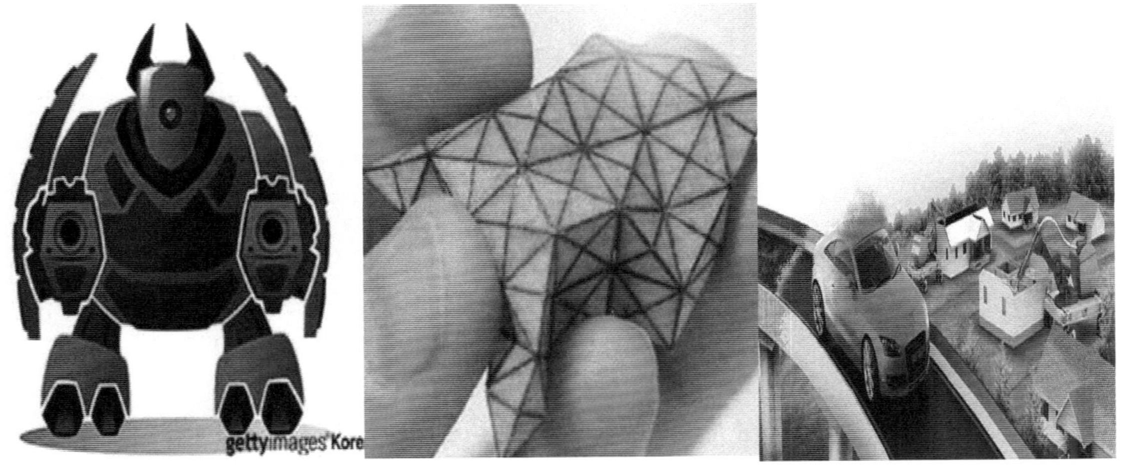

이러한 4D 프린팅 산업에는 다양한 변화하는 소재를 사용하는데, 4D 프린팅 소재전망을 살펴보기 위해서 3D 프린팅 소재 산업의 현황과 전망을 살펴보도록 하자.

---

4) 형상기억합금은 변형이 일어나도 처음 모양을 만들었을 때의 형태를 기억하고 있다가 일정 온도가 되면 원래의 형태로 돌아가려는 성질을 가지기 때문에 온도 반응 4D 프린팅 기술에 적절히 사용되고 있다.

1) 3D 프린팅 소재 산업[5]
   가) 3D 프린팅 소재

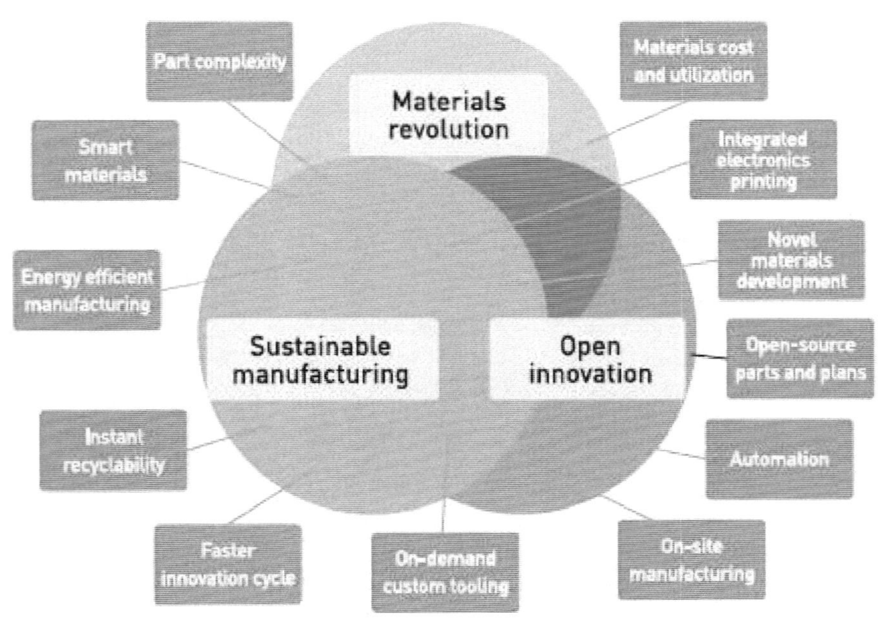

[그림 7] 3D 프린팅 소재와 기술 혁신

4D 프린팅과 마찬가지로 3D 프린팅 또한 소재가 미래를 좌우한다고 할 수 있다. 3D Printing 소재는 플라스틱, 금속류, 세라믹 등 다양한 소재가 쓰인다. 그 중 플라스틱은 3D 프린팅 소재 중 비교적 저렴하고 가공성이 좋기 때문에 가장 많이 사용된다.

현재 3D 프린팅 출력물의 재료가 되는 플라스틱 수지를 필라멘트라고 하면서 대표적인 소재로 ABS와 PLA로 구분된다.

ABS는 아크릴로니트릴과 부타디엔, 스티렌을 중합해 만든 고분자 화합물이며, 일반 플라스틱보다 충격과 열에 강하다. ABS 소재는 도금이나 도색을 했을 때 발색력도 좋아 장난감이나 가구, 전자기기등 다양한 제품에 많이 사용되는 소재이다.

PLA는 폐기 시 미생물에 의해 생분해되는 재생 가능한 바이오 플라스틱이다. 환경호르몬 등의 유해물질이 걱정이 적고 특히 3D 프린터에 인쇄할 대 냄새가 거의 없지만 흡습성이 높아 보관시 주의해야 한다.[6]

---

5) 3D 프린팅 고분자 소재의 현황과 연구방향, KEIT, 2014.08
6) 3D 프린터 다양한 소재/ 네이버 포스트

소재 형태	3D 프린팅 소재	비고
Thermoplastic	PLA	국내서 FDM용으로 가장 많이 사용하는재료. 용융시 프린터를 끈적끈적하게 하여 작업하기 어렵고, 자연 분해되는 친환경 소재이나 재순환이 어려운 소재. 흡습이 높아 재료보관 주의
	ABS	세계적으로 가장 많이 사용하는 소재. 용융시 냄새 문제큼.
	PVA, HIPS	출력 후 물과 Oil에 녹여내는 supporter로 주로 사용됨
	Polycarbonate, Nylon, Polyphenylsulfone	열변형온도(HDT)가 100~150℃인 기능성고분자로 열수축 주의 필요.
	ULTEM, PEEK와PAEK 등의 엔지니어링 플라스틱	열변형온도 150℃이상인 고강도 엔지니어링재료. Utem 상용화
Powder	Polyamide	Nylon 12가 많이 사용되는 소재
	Alumide	회색의 aluminum powder와 polyamide의 blend
	Multi-color	미세 그래늘 분말로 제조
Resin(액체)	고정밀 UV 레진	Photo-polymer 액체
	페인트형 레진	매끈한 표면과 미관 형성
	투명레진	경화 기능한 액체 (광경화 아님)
금속	Titanium	경량 & 최고 강도 3DP 소재, 분말을 레이저로 소결시킴
	Stainless steel	동 합침 분말. 가장 저렴한 금속, 고강도
	동(Bronze)	분말
	Brass, Silver, Gold	-
세라믹	유리, 알루미나, 실리카 분말 등	열저항성, 재순환 기능, 음식물 안전

[그림 8] 3D 프린팅 주요 소재

레진은 광경화 3D 프린터에서 사용되는 소재이다. 광경화 수지란 일정 파장 이상의 자외선 빛을 받으면 액체 상태의 물질이 고체 상태로 변화되는 성질을 가지는 재료를 말한다. 레진은 고해상도와 부드러운 표면을 제공하며, 세밀한 디테일을 담을 수 있어 주로 피규어, 공예품 및 보석 제작에 사용된다. 제작속도가 빠르고 유리전이 온도가 커서 고온에 대해 상대적으로 PLA 보다 적합하다.

3D 프린팅 소재로 금속을 사용하는 경우, 다양한 금속 소재 중에서도 주로 스테인레스 스틸, 알루미늄, 티타늄 등이 사용된다. 금속 소재는 강도와 내구성이 뛰어나며, 고온 및 고압 환경에서도 우수한 성능을 발휘한다. 하지만 비용이 많이 들고 기술적인 난이도가 요구된다.

세라믹 소재는 내열성과 내약품성이 뛰어나며, 전기 절연체로도 활용된다. 3D 프린팅으로 세라믹 제품을 만들기 위해 세라믹 분말과 바인더를 혼합하여 사용한다. 액체 상태의 소재에 레이저를 쏘아 굳혀가며 제품을 만들기 때문에 보통 MSLA(Masked SLA)나 DLP(Digital Light Processing) 방식의 3D프린터가 사용된다. 주로 의료 분야에서 임플란트와 같은 복잡한 구조물을 제작하는데 사용된다.

바이오 프린팅 소재는 최근 생체재료인 조직 공학과 관련된 소재로 3D 프린팅에 사용된다. 이러한 소재는 인체 조직과 유사한 특성을 가지며, 재생 의학 분야에서 조직 및 장기 재생에 사용될 수 있다. 살아 있는 세포를 원하는 형상 또는 패턴으로 적층해서 조직이나 장기를 제작한다. 컴퓨팅 기술이 물리 형태의 사물과 융합된 사이버물리시스템(CPS: Cyber-Physical System)과 연결되어 생체 조직 대체 효과를 볼 수 있다.

나) 3D 프린팅 소재 산업 현황[7]

(1) 시장개요

3D프린팅이 스마트 제조업, 스마트 팩토리의 중요 요소로 부각되고 있으며, 전통적인 제조 방식과 3D프린팅 기술이 혼합된 제조 방식이 등장하고 있고, 산업용 로봇에 3D프린팅 시스템을 적용해 3D프린터의 한계를 극복하고 있다. 3D프린팅을 통해 생산의 효율성을 높여 비용을 절감할 수 있고 맞춤형 생산이 가능함에 따라 수요 확대가 가능해지므로, 3D프린팅은 기계, 자동차, 항공·우주, 소비재 산업에서 시제품 제작, 최종재·부품 생산 등에 주로 활용되고 있다.

코로나 팬데믹 이후 로컬 중심 공급망 확보와 비대면 확산 및 소량·다품목 수요 확대 대응을 위해 3D프린팅 핵심 소재와 기술 확보의 중요성이 대두되고 있다. 비대면 수요가 서비스 중심에서 제조 등 산업 전반으로 확산됨에 따라 설계 도면 데이터만으로 어디서든 필요한 제품을 제작할 수 있는 3D프린팅이 재조명되고 있다. 4차 산업혁명에 따른 소비자 맞춤형 제작이 용이한 시대로의 전환이 진행됨에 따라 차별화된 제조 공정 간소화·가치 창출 기술로서 3D프린팅의 활용이 확대될 전망이다.

3D프린팅 관련 산업은 금속분말, 고분자, 세라믹 등의 소재와 3D모델링 등 응용 소프트웨어가 포함되는 후방산업과 3D프린터를 활용하여 해당 제품 및 서비스를 제공하는 전방산업으로 구분할 수 있다. 후방 산업은 적층가공을 위한 소재 및 소프트웨어 등 3D프린터 활용에 필요한 구성요소와 시스템 설계 기술을 포함한다.전방산업은 제조 공장을 운영하는 제조업 대부분을 포함하고, 관련업체들은 3D프린터 응용을 통해 적층제조 제품 및 서비스를 제공하며 생산 효율 제고, 사업모델 다각화 등을 모색하고 있다. 주요 전방산업은 자동차, 항공/우주, 의료분야 등이 있으며, 지속적으로 성장하고 있다. 전방산업에 속한 업체들은 기존 제조공법을 대체하는 3D프린터 제작 비중이 점점 증가될 것으로 전망된다.

국내 3D프린팅은 교육, 자동차 부품 제조 분야에서 시제품 제작 등에 활용되며, 의료·치과, 생활소비재 중심으로 완제품 생산에 활용되고 있다. 최근 완성차 업체들을 중심으로 생산공정 개선을 위해 제조 현장에 3D프린팅 기술을 도입하는 비중이 증가하고 있다. 국내 업체들은 기존의 제조업, 의료기기, 일반 소비재 등 다양한 분야에 3D프린팅 기술을 적용하기 위해서 3D프린터 산업의 특징을 분석하는 등 전략적으로 사업계획을 수립하여 사업을 진행하고 있다.

국내 3D프린팅 시장은 정부의 강력한 산업 육성 의지에 힘입어 성장하고 있으며, 산업용 기계 제작 기술을 가진 업체들이 기존 기술을 바탕으로 3D프린터를 제작하여 판매하고 있다.

---

7) 3D프린팅 시장 전망 및 산업 활성화 방안 / [기고]권영일 KISTI 데이터분석본부 수도권지원 책임연구원 (신소재경제)

(2) 시장 규모

산업용 3D프린팅 시장은 3D 프린터, 소재, 서비스 및 소프트웨어로 분류할 수 있다.

세계 산업용 3D프린팅 관련 시장은 2017년 13.4억 달러에서 2020년 19.4억 달러로 성장하였으며, 2021년 21억 달러에서 2027년 52.3억 달러로 연평균 20% 성장할 전망이다. 특히, 2020년도의 시장 규모는 코로나 19로 인한 제조산업의 불황으로 2019년 대비 시장 규모가 축소되었다.

3D 프린터 부문은 2020년 산업용 3D프린팅 시장에서 가장 큰 점유율을 차지했으며, 2021년 8.6억 달러에서 2026년 20.6억 달러로 연평균 19% 성장할 전망이다. 2017년부터 2020년까지는 소비재 시장의 연평균 성장률이 14%로 가장 높았고, 2021년부터 2026년까지는 서비스 시장의 연평균 성장률이 22.0%로 가장 높을 것으로 예상된다. 서비스 분야 시장은 2021년 4.8억 달러에서 2026년에는 12.9억달러까지 증가할 것으로 전망된다.

구분	2017	2018	2019	2020	CAGR(%)	2021E	2023E	2026E	CAGR(%)
3D 프린터	566	729	943	805	12.5	863	1,071	2,059	19.0
소재	391	513	672	579	14.0	629	803	1,611	20.7
서비스	296	381	497	434	13.6	477	623	1,290	22.0
소프트웨어	90	116	150	126	12.0	131	154	267	15.2
합계	1,343	1,739	2,262	1,944	13.1	2,100	2,651	5,227	20.0

그림 9 세계 산업용 3D 프린팅 분야별 시장 전망(단위 : 백만 달러, %) 자료: 'Industrial 3D printing market with COVID-19 impact analysis', Marketsandmarkets, 2021 토대로 재작성

세계 지역별로 주요국들의 연평균 시장 성장률을 보면 아시아에서는 중국의 성장률이 2017년부터 2020년까지 15.5%, 2021년부터 2026년까지 22.7%로 예측되며, 북미에서는 미국, 유럽에서는 독일의 시장이 가장 활발하게 성장할 것으로 전망된다.

구분	2017	2018	2019	2020	CAGR(%)	2021E	2023E	2026E	CAGR(%)
미국	475	608	790	683	12.9	741	945	1,890	20.6
독일	150	193	239	208	11.5	227	291	587	18.4
중국	111	148	193	170	15.5	189	249	524	22.7
일본	112	147	191	166	13.9	180	230	461	20.7
기타	495	643	849	717	13.2	763	936	1,765	18.3
합계	1,343	1,739	2,262	1,944	13.1	2,100	2,651	5,227	20.0

그림 10 세계 산업용 3D 프린팅 국가별 시장 전망(단위 : 백만 달러, %) 자료: 'Industrial 3D printing market with COVID-19 impact analysis', Marketsandmarkets, 2021 토대로 재작성

산업용 3D프린팅에 사용되는 재료는 금속, 플라스틱, 세라믹 및 인쇄 전자 재료, 수지, 바이오 잉크, 뼈 재료를 포함한 기타 재료로 분류된다. 공정과 응용 분야에 따라 이러한 재료는 분말, 필라멘트, 수지 및 펠렛 형태로 제공된다. 최근 스테인리스 스틸, 인코넬 및 티타늄과 같은 금속 소재는 의료 임플란트와 같은 분야에서 개발되어 사용되고 있다.

2020년 산업용 3D프린팅 소재 시장에서 가장 큰 점유율을 차지한 플라스틱 소재 시장 규모는 2021년 3.2억 달러에서 2027년 7.8억 달러로 연평균 19.8% 성장할 전망이다. 2017년부터 2020년까지 연평균 성장률이 14.7%로 가장 높았던 금속 소재 시장은 2021년부터 2026년까지도 21.9%로 가장 높은 연평균 성장률을 기록할 것으로 예상된다.

구분	2017	2018	2019	2020	CAGR(%)	2021E	2023E	2026E	CAGR(%)
금속	163	215	282	246	14.7	270	352	728	21.9
플라스틱	201	261	343	293	13.4	316	398	781	19.8
세라믹	22	29	38	32	13.2	34	42	81	18.8
기타	5	7	9	8	14.1	9	11	21	19.4
합계	391	513	672	579	14.0	629	803	1,611	20.7

그림 11 세계 산업용 3D 프린팅 소재별 시장 전망(단위 : 백만 달러, %) 자료: 'Industrial 3D printing market with COVID-19 impact analysis', Marketsandmarkets, 2021 토대로 재작성

세계 제조 솔루션 부문은 2020년 산업용 3D프린팅 서비스 시장에서 가장 큰 점유율을 차지했으며, 시장규모는 2021년 2.5억 달러에서 2027년 6.3억 달러로 연평균 20.5% 성장할 전망이다. 컨설팅 시장은 2017년부터 2020년까지 연평균 성장률 15.2%, 2021년부터 2026년까지는 연평균 성장률 23.6%로 제조 솔루션 시장보다 높은 성장률을 기록할 전망이다.

구분	2017	2018	2019	2020	CAGR(%)	2021E	2023E	2026E	CAGR(%)
컨설팅	134	175	231	205	15.2	228	306	658	23.6
제조 솔루션	162	206	266	229	12.2	249	317	632	20.5
합계	296	381	497	434	13.6	477	623	1,290	22.0

그림 12 세계 산업용 3D 프린팅 서비스별 세계 시장 전망(단위 : 백만 달러, %) 자료: 'Industrial 3D printing market with COVID-19 impact analysis', Marketsandmarkets, 2021 토대로 재작성

세계 산업용 3D 프린팅 시장은 자동차, 항공우주 및 방위, 식품 및 요리, 인쇄 전자, 주조 및 단조, 헬스케어, 보석, 석유 및 가스, 소비재 등으로 세분화되었다.

항공우주 및 방위 부문은 2020년 산업용 3D프린팅 시장에서 가장 큰 점유율을 차지했으며, 시장규모는 2021년 4.9억 달러에서 2027년 13.3억 달러로 연평균 21.7% 성장할 전망이다.

2017년부터 2020년까지 연평균 성장률이 15.8%로 가장 높았던 헬스케어 시장은 2021년부터 2026년까지도 24.1%로 가장 높은 연평균 성장률을 기록할 것으로 예상된다. 의료 기기 제조업체가 생산량을 늘려 공급-수요 격차를 메우기 위해 적층 제조 또는 3D프린팅을 채택하는 등 코로나-19가 의료 산업에 미치는 긍정적인 영향으로 인해 헬스케어 부문의 시장 성장이 가속화되었다. 자동차 분야 시장은 2020년 3.9억 달러에서 2026년 10.9억 달러로 연평균 20.9%의 최고 성장률을 기록할 것으로 예상된다.

구분	2017	2018	2019	2020	CAGR(%)	2021E	2023E	2026E	CAGR(%)
자동차	260	339	445	386	14.1	420	539	1,085	20.9
항공우주/방위	299	393	520	455	15.0	499	649	1,333	21.7
식품/요리	28	36	46	39	11.3	41	50	91	17.3
인쇄 전자	190	249	321	275	13.1	295	370	723	19.6
주조/단조	166	211	269	227	10.9	241	295	553	18
헬스케어	139	177	240	215	15.8	241	326	709	24.1
보석	75	94	118	97	8.9	101	118	206	15.2
석유/가스	60	78	97	80	10.1	84	97	168	15
소비재	80	106	133	111	11.5	116	137	243	16
기타	46	56	73	59	9.3	62	70	116	13.5
합계	1,343	1,739	2,262	1,944	13.1	2,100	2,651	5,227	20.0

그림 13 세계 산업용 3D 프린팅 관련 산업별 시장 전망(단위 : 백만 달러, %) 자료: 'Industrial 3D printing market with COVID-19 impact analysis', Marketsandmarkets, 2021 토대로 재작성

국내 2020년 3D프린팅 관련 시장은 코로나19의 영향에 따른 오프라인 행사 중단, 제조기업들의 신규 3D프린팅 투자 감소 등 공공 및 민간 영역에서의 수요가 대폭 줄어들어 전년대비 12.6% 하락한 4,135억 원을 달성하였다. 국내 3D프린팅 관련 시장은 2021년 4,558억 원에서 2027년 7,381억 원으로 연평균 10.1% 성장할 전망이다.

3D프린터가 포함된 프린팅 장비 부문은 2020년 3D프린팅 시장에서 가장 큰 점유율을 차지했으며, 코로나 19의 영향에 의해 신규투자가 감소함에 따라 2019년 대비 2020년의 장비시장

이 12.9% 하락한 1,866억원으로 나타났다. 3D프린팅 장비 시장은 2021년 2,096억 원에서 2026년 3,391억 원으로 연평균 10.1% 성장할 전망이며, 2017년부터 2020년까지 연평균 성장률이 14.3%로 가장 높았던 서비스 시장은 2021년부터 2026년까지도 15.2%로 가장 높은 연평균 성장률을 기록할 것으로 예상된다.

구분	2017	2018	2019	2020	CAGR(%)	2021E	2023E	2026E	CAGR(%)
장비	147,885	178,412	214,308	186,679	8.1	209,615	254,096	339,124	10.1
소재	37,047	43,741	38,508	35,111	-1.8	39,173	43,024	49,521	4.8
서비스	68,016	79,561	113,858	101,593	14.3	111,651	148,172	226,530	15.2
소프트웨어	87,474	94,131	106,384	90,158	1.0	95,442	105,626	122,975	5.2
합계	340,422	395,845	473,058	413,541	6.7	455,881	550,918	738,151	10.1

그림 14 국내 3D 프린팅 관련 분야별 시장 전망(단위 : 백만 원, %) 자료: '2021 3D 프린팅 산업 실태조사', 정보통신산업진흥원, 2022.1 토대로 재작성

2020년 국내 3D프린터 시장에서 산업용 3D프린터는 보급용 3D프린터에 비해 높은 시장점유율을 차지했으며, 시장규모는 2021년 821억 원에서 2026년 1,353억 원으로 연평균 10.5% 성장할 전망이다. 국내 2020년 보급용 3D프린터 시장은 코로나19의 영향에 따라 대폭으로 줄어들어 전년대비 30.8% 하락한 297억 원을 달성하였다.

구분	2017	2018	2019	2020	CAGR(%)	2021E	2023E	2026E	CAGR(%)
보급용	41,921	57,479	42,979	41,109	-0.7	43,576	48,961	58,314	6.0
산업용	64,160	74,048	94,852	74,365	5.0	82,173	100,336	135,376	10.5
합계	106,081	131,527	137,831	115,474	2.8	125,749	149,297	193,690	9.0

그림 15 국내 보급용/산업용 3D 프린터 시장 전망(단위 : 백만 원, %) 자료: '2021 3D 프린팅 산업 실태조사', 정보통신산업진흥원, 2022.1 토대로 재작성

국내 2020년 3D프린팅 서비스 시장을 분석한 결과, 코로나19로 인해 기업들의 제품 모델링/출력 및 컨설팅 등 전반적으로 3D프린팅 서비스에 대한 수요가 축소되며 전년대비 10.8% 하락한 1,015억 원에 머물렀다. 3D프린팅 시장 성장에 따라 장비전문 기업들의 출력서비스 사업 병행이 확대됐음에도 불구하고 코로나19로 인해 주요 제조 수요처에서 관련 3D프린팅 서비스 의뢰가 축소됐다.

특히, 교육 서비스 영역은 사회적 거리두기 확산에 따른 오프라인 교육의 감소로 전년대비 30.1%로 하락했다. 3D프린팅 컨설팅 시장은 2020년 3D 프린팅 관련 서비스 시장에서 가장 큰 점유율을 차지했으며, 3D프린팅 컨설팅 시장규모는 2021년 359억 원에서 2026년 606억 원으로 연평균 11.0% 성장할 전망이다. 2017년부터 2020년까지 연평균 성장률이 31.9%로 가장 높았던 교육 시장은 2021년부터 2026년까지도 32.0%로 가장 높은 연평균 성장률을 기록할 것으로 예상된다.

구분	2017	2018	2019	2020	CAGR(%)	2021E	2023E	2026E	CAGR(%)
3D모델링	20,094	24,254	31,571	29,821	14.1	32,705	43,252	65,781	15.0
출력서비스	18,041	20,335	31,426	28,976	17.1	31,467	43,815	71,989	18.0
교육	4,566	6,682	12,559	10,479	31.9	11,493	20,025	46,058	32.0
컨설팅	24,036	24,445	36,261	32,317	10.4	35,986	44,338	60,639	11.0
기타	1,279	3,845	2,041	-	-	-	-	-	-
합계	68,016	79,561	113,858	101,593	14.3	111,651	151,431	244,467	17.0

그림 16 국내 3D 프린팅 관련 서비스별 시장 전망(단위 : 백만 원, %) 자료: '2021 3D 프린팅 산업 실태조사', 정보통신산업진흥원, 2022.1 토대로 재작성

(3) 경쟁 현황

3D프린팅 시장은 미국, 유럽을 중심으로 형성되어 있으며 스트라타시스(Stratasys), 3D시스템즈(Systems)는 제품군을 다양화하고 시장 지배력을 강화하기 위해 경쟁하고 있다. HP 등의 대형 업체들도 3D 프린팅 시장에 진출해 다양한 산업 분야에서 3D프린팅 기술을 활용하고 있다. 3D 프린팅 관련 기업은 △장비 업체(3D 시스템즈, 스트라타시스, HP) △소재 업체(3D 시스템즈, 스트라타시스, Polyone), △소프트웨어 업체(오토데스크, 다쏘시스템) 등으로 구분할 수 있다.

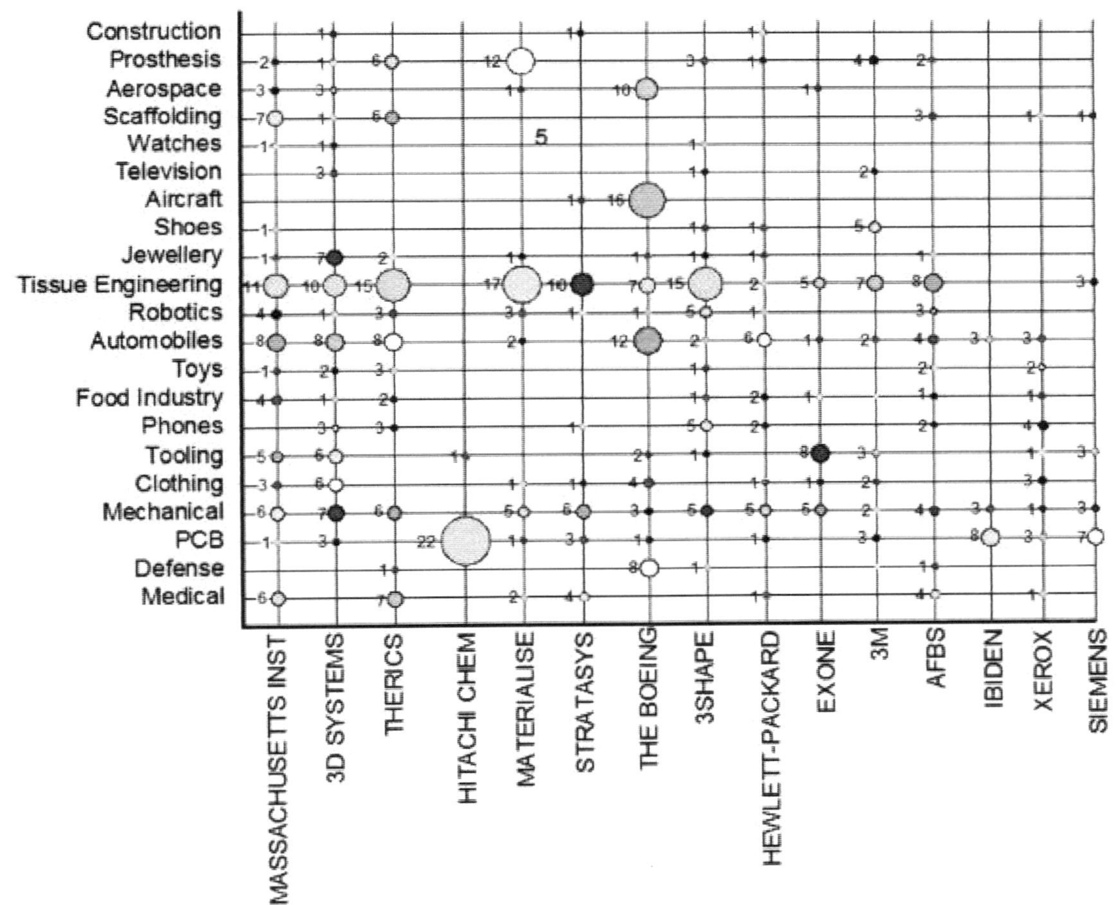

[그림 17] 3D 프린터 제조기업별 집중도

Boeing은 자동차, 항공, 방위산업 관련 응용소재를 중심으로 특허를 출원하고, 자동차산업용 소재 연구는 Boeing, 3D Systems, Massachusetts Inst., Therics Inc.와 HP 등이 주도하고 있다.

스트라타시스는 보급형 데스크탑 3D프린터, RP(Rapid prototyping) 및 DDM(직접 디지털 제조)을 위한 다양한 제품을 판매하고 있다. 3D시스템즈는 3D프린팅 솔루션, 소재, 프린터를 판매한다. 3D시스템즈는 플라스틱, 나일론, 금속, 복합재료, 엘라스토머, 왁스, 치과용 고분자 재료 및 클래스 IV 생체 적합성 재료를 활용할 수 있는 3D프린터를 판매하고 있다.

스트라타시스와 3D시스템즈는 3D프린터 업계를 대표하는 업체이지만 아이디어와 기술력으로 무장한 스타트업을 비롯해 GE, HP, 제록스(Xerox) 같은 대기업들도 3D 프린팅 산업에 뛰어들면서 점점 더 경쟁이 치열해지고 있다. 스트라타시스와 3D시스템즈는 3D프린팅 시장 점유율을 유지하려고 노력하고 있으며, 새로 진입한 업체들은 생존과 성장을 위해 노력하면서, 전체 3D프린팅 시장이 성장하고 있다.

3D허브스(3Dhubs)는 초기에 3D프린팅 서비스만 제공하였지만, 서비스 범위를 확장하여 CNC 가공 서비스, 판금 제조, 사출성형 서비스를 제공하고 있다. 조메트리(Xometry), 스컬프티오 등 3D 프린팅 서비스 업체도 3D허브스와 같이 처음에는 3D프린팅 서비스로 출발하였지만, 사업 영역을 넓혀서 전통 제조 서비스까지 제공하고 있다.

2021년 3D프린팅 산업 실태조사에 의하면 2021년 국내 3D프린팅 관련업체는 2020년 405개에 비해 소폭 증가한 406개 업체로 파악되었다. 3D프린팅 누적설치에 따라 소재의 중요성이 지속적으로 확대되며 유관 기업들의 3D프린팅 신규 진출이 증가했다.

코로나19에 따라 소형 유통업체들의 폐업/타사업 전환이 진행됐지만 3D프린팅 산업의 중요성이 부각되며 3D 프린팅 관련 기업이 꾸준히 증가하고 있는 추세이다. 국내 3D프린팅 시장은 지속적으로 기업매출이 양극화되는 상황이 발생하고 있으며, 2020년 3D프린팅 매출액을 기준으로 상위 50개 기업은 전체 3D프린팅 시장의 79.2%를 차지하였다. 2021년 기준 3D프린팅 관련 1억 원 미만의 매출액을 달성한 기업이 전체의 36.5%, 50명 미만의 소기업이 전체의 88.7%를 차지하고 있다.

DLP(광경화조형) 방식 3D프린터 제조기업인 ㈜캐리마는 산업용 대형 3D프린터(DM400A)를 미국에 수출하였다. ㈜테라웍스는 금형 제작에 적용할 수 있는 금속 3D프린터 'TERRA 250P'와 'TERRA 100P-400z'를 개발하였다.

'TERRA 250P'는 200W 또는 300W의 파이버 레이저를 장착해 250x250x200mm(가로x세로x높이)의 부품을 적층할 수 있고 'TERRA 100P-400z'는 100x100x400mm의 부품을 적층할 수 있다. 현대위아는 금속 3D프린터 전문기업 인스텍과 함께 '3D프린팅 하이브리드 가공기'를 개발하여 인공 고관절 제조 시장에 진입할 계획이다.

현대위아가 개발한 하이브리드 가공기는 5축 머시닝센터와 DED(Directed Energy Deposition)' 및 'PBF(Powder Bed Fusion)' 방식의 3D프린터 모듈을 합쳐서 작업자가 제작하고자 하는 제품의 특성에 따라 DED나 PBF 모듈에서 1차적으로 형상을 만든 뒤 공작기계로 정밀하게 깎아 최종 가공물을 완성한다.

Policy	Market
- 자동차, 우주, 방산분야 산업용 핵심부품 양산 실증을 통해 다양한 주력 산업에서 수요 창출 확산 지원 확대 - 국방, 의료분야 전략품목 상용화 실증'을 통한 시장 창출 지원 확대 - 제조기술 및 장비개발로 건설 분야 3D 프린팅 생태계 조성 - 고부가가치 창출이 유망한 의료·바이오 등 전략기술 분야의 장비·소재·소프트웨어 기술 개발, 3D 프린팅 국제표준화 기구 활동 및 국내표준(KS) 3종 제·개정 지원 - 국가기술자격제도 시행·개선, 규제자유특구 지정 및 3D 프린팅 기업 육성을 위한 규제완화 등 추진	- 3D 프린팅이 스마트 제조업, 스마트 팩토리의 중요 요소로 부각 - 3D 프린팅을 통해 생산의 효율성을 높여 비용을 절감할 수 있고 맞춤형 생산이 가능함에 따라 수요 확대 - 3D 프린팅은 기계, 자동차, 항공·우주, 소비재 산업에서 시제품 제작, 최종재·부품 생산 등으로 확대 적용 - 3D 프린터 시장은 일반기계, 항공우주, 의료 산업 등에서 수요 급증 - 코로나 팬데믹 이후 로컬 중심 공급망 확보와 비대면 확산 및 소량·다품목 수요 확대 대응을 위해 3D 프린팅 핵심 소재·기술 확보의 중요성 확대
Society	Technology
- 코로나 19 상황에 대처하기 위한 안면 보호대, 인공호흡기, 코로나19 테스트 면봉을 3D 프린터로 제작/제공하여 사회적인 수용성 제고 - 웹사이트에서 3D 파일을 공유하므로 불법 복제의 위협이 증가되고 있으며, 이로 인해 저작권 침해 발생 가능 - 플라스틱 필라멘트는 3D 프린팅에 널리 사용되는 재료이며 사용된 부산물은 매립되므로 환경문제를 야기하여 사회적 수용성 저해 - ABS소재를 활용한 3D프린터에서 배출되는 유해물질에 대한 안전성 검토 등 사회적 인식 확산 - 3D프린터는 같은 무게의 제품을 만들 때 기존의 사출 성형기보다 약 50~100배 더 많은 전기 에너지를 소비하므로 사회적 수용성 저해	- 경량·기능성 소재기술, 신공정기술·장비기술 개발 추진 - 금속 바인더 분사 기술 적용한 바인더 젯팅 프린터로 금속 부품 대량 생산 - 설계한 디자인을 그대로 적용하여 기존의 제조방식으로 만들 수 없는 복잡한 형상의 제품 제작 가능 - 최적 설계를 통해 구조강도의 변화 없이 소재 절감 및 경량화 실현 - 적층제조기술 적용으로 제조 공정 축소하여 부품 경량화 및 내구성 향상 - 시제품 제작시에 적층제조기술을 적용하여 금형비용 대폭 절감

그림 18 국내 3D 프린팅 관련 사업기회 분석

다) 3D 프린팅 기술 동향[8]

3D프린팅 기술을 활용한 실물 제작 단계는 모델링(modeling), 프린팅(printing), 피니싱(finisging)의 3단계로 요약할 수 있다. 모델링 단계는 3D 도면을 제작하는 단계로 3D CAD(computer aided design)나 3D 모델링 프로그램 또는 3D 스캐너 등을 이용하여 제작할 실물의 도면을 설계하는 것이다. 프린팅 단계는 모델링 과정에서 제작된 3D 도면을 이용하여 물체를 만드는 단계로 적층가공방식 또는 절삭가공방식 등으로 작업을 진행하는 것이다. 이때 소요시간은 제작물의 크기와 복잡도에 따라 달라진다. 피니싱 단계는 산출된 제작물에 대해 보완 작업을 하는 단계로 색을 칠하거나 표면을 연마하거나 부분 제작물을 조립하는 등의 작업을 진행한다.
　따라서 3D 프린팅을 위한 기술은 크게 3D 모델링을 구현하는 소프트웨어, 3D프린터, 3D프린팅 소재, 3D 프린팅 서비스 산업 등으로 구분해 볼 수 있다.

(1) 3D모델링 SW

　3D 모델링을 위해 주로 사용되는 CAD 소프트웨어는 대부분이 외국산으로 3D프린터의 대중화와 함께 다시 주목을 받고 있는 3D SW의 경우에는 3D프린팅을 위한 모델링 외에 엔지니어링, 건축, 디자인 등 다양한 산업에서 활용되고 있다. 국내에서 사용되고 있는 SW는 오토데스크사의 오토캐드가 시장의 95%를 점유하고 있다. 다양한 3D SW로 생성된 3D 데이터는 3D프린팅하기 전 슬라이스(Slicer) SW를 활용하여 슬라이싱(Slicing) 한 후 3D프린터가 이해할 수 있는 G-code로 변환한다. 슬라이서는 3D 데이터를 가지고 실제 프린팅을 진행하기 위해 사용되는 원료의 쌓는 경로와 속도, 압출량 등을 계산해서 G-code를 만들어 내기 때문에 그 능력에 따라 같은 3D프린터로도 많은 품질의 차이가 발생할 수 있다. G-code는 3D 모델을 프린트하기 위해서 X-Y-Z 툭은 어뜧게 움직이고 재료를 녹여서 사출 시킬 extruder 모터는 얼마의 속도로 움직여줘야 하는지 등을 가진 정보이며, 슬라이싱은 3D 모델 데이터를 여러 개의 얇은 층으로 나누어진 데이터로 변환하는 작업이다. 슬라이싱 SW는 3D프린터 구입 시 제공되는 SW를 사용하거나, 무료 배포되고 있는 Cura와 같은 SW를 많이 사용한다.

(2) 3D프린터

3D프린팅은 3D 입체 형태를 만드는 방식에 따라 크게 적층가공방식(Additive Manufacturing)과 절삭가공방식(Subtractive Manufacturing)으로 구분된다. 적층가공방식은 석고나 나일론 등의 가루인 파우더나 플라스틱 액체 또는 플라스틱 실을 종이보다 얇은 0.01 - 0.08mm의 층으로 겹겹이 쌓아 입체 형상을 만들어내는 방식으로 층이 얇을수록 정밀한 형상을 얻을 수 있고 채색을 동시에 진행할 수 있는 장점이 있다. 적층가공방식에 사용되는 재료는 소재 기술의 발달로 수지, 금속, 세라믹, 카본섬유가 포함된 재질 등으로 그 종류가 점차 다양해지고 있다. 절삭가공방식은 컴퓨터 수치제어를 통해 한 개의 덩어리로 된 재료를 조각하듯이 깎아내 입체 형상을 만들어내는 방식으로 적층가공방식에 비해 완성품이 더 정밀하다는 장점이 있지만 재료가 많이 소모되고 컵처럼 안쪽이 파인 모양은 제작하기 어려우며 채색

---

8) 3D프린팅 기술과 산업 동향 / 정보과학회지 (진주보건대학교 강경원)

작업을 따로 해야하는 단점이 있다.

 3D프린팅 기술에서 가장 많이 사용되는 적층가공방식은 압출형의 FDM 방식과 광조형의 SLA 방식, 그리고 소결형의 SLS 방식이 있다.
 FDM(Fused Deposition Modeling) 방식과 FFF(Fused Filament Fablication) 방식은 동일한 원리의 방식으로 열가소성물질을 노즐 안에서 녹여 한 줄씩 적층하는 방식이다. 노즐의 고열이 플라스틱을 녹이고 상온에서 한 층씩 정화되면서 제품이 출력된다. 레이저를 사용하는 프린팅 방식보다 간단한 기계장치로 구성되어 있으며 가격 및 유지 보수비용이 저렴하다는 것이 장점이다. 하지만 레이저 방식보다 성형 속도가 느리고 층별로 쌓이면서 미세한 굴곡이 발생한다. 이를 제거하기 위해 연마 등의 후처리가 필요하다는 것이 단점이다. 이 방식은 1991년 미국 스트라타시스가 특허권을 갖고 있었지만 2009년 만료되어 지금은 공개된 3D프린팅 기술이다.
 SLA(Stereo Lithography Apparatus) 방식은 액체 상태의 광경화성 플라스틱이 담긴 수조 안에 자외선 레이저를 투사하여 한층씩 경화시킨 뒤 적층하는 방식이다. 레이저를 사용하여 제품의 외관이 깔끔하게 제작되고 정밀도가 높아 치의공이나 주얼리 같은 제품에 많이 사용된다. 하지만 출력된제품의 강도가 약하고 고온에서 변형이 일어날 수 있으며 제품의 형태에 따라 서포트(지지대)가 필요하다. 최근 다양한 액상 수지(소재)의 개발로 위와 같은 단점을 보완해 나가고 있다.
 SLS(Selective Laser Sintering) 방식은 분말 형태의 재료를 고출력 레이저로 녹여 굳히면서 출력물을 만들어 내는 기술로 롤러를 통해 분말 재료를 다시 얇게 올려 레이저로 굳히는 것을 반복하여 제품을 만들어 낸다. 분말형태의 플라스틱, 알루미늄, 티타늄 등의 다양한 소재에 적용이 가능하며 특히 의료용 소재인 티타늄과 코발트 소재도 적용이 가능하다. 또한, 복잡한 형상의 구현이 가능하고 레이저를 사용하여 정밀도가 높다. 하지만 소재에 따라 가열온도 및 레이저 조작 등의 설정이 복잡하고 롤러나 레이저 소스등의 복잡한 장비로 인해 장비의 가격이 비싼 것이 단점이다. FDM, SLA, SLS 등을 포함한 3D프린터 기술별 특징을 나타내면 그림 18과 같다.

 3D 시스템즈의 SLS(Selective Laser Sintering) 방식의 특허권이 2014년 만료되고 입체광 투영 프린팅 방식인 SLA(Stereo Lithography Apperatus) 관련 52개 특허가 2014년 만료됨에 따라 수지 압축 적층조 방식이 FDM이 주를 이루던 개인용 3D 프린팅 시장으로 SLA기술이 확산될 수 있는 길이 열렸다. 3D프린터의 대표기술의 특허 만료 시기와 파급 효과를 나타내면 그림 19와 같다.

 최근 국내에서는 UNIST에서 DfAM에 위상기하학 최적화(Topology Optimization) 기술을 더한 3D프린팅 기술로 자동차를 완성하였다. 적층제조디자인(DfAM, Design for Additive Manufacturing) 기술은 설계 단계부터 3D프린팅의 특성을 최대로 활용해 디자인하고 제품을 만들어내는 기술이다. DfAM는 복잡한 모양의 물체도 뭐든지 구현할 수 있고, 복잡하고 복합적인 재료를 함께 사용할 수 있고, 격자 구조나 그물 구조와 같은 다차원 설계가 가능하고, 시뮬레이션 기술을 적극 활용한 최적설계 기법을 적용할 수 있다는 장점이 있다. 위상기하학 최적화 방식은 수학적 계산을 통해 재료를 배치하여 제품의 강도, 중량, 소요시간을 획기적으로 개선시키는 방식으로 전통 제조 방식에서는 비싸고 불가능했으나 3D프린팅에서는 가능하

므로 제품 구성의 효율을 최대로 높이는 값을 얻을 수 있다. DfAM에 위상기하학최적화 방식을 더한 3D프린팅 기술을 사용하면 불필요한 부분은 과감히 생략하고 3D프린팅을 할 수 있다.

(3) 3D프린팅 소재

3D프린팅에 활용되는 소재는 수지, 금속, 종이, 목재, 식재료 등 매우 다양하며 액체, 파우더, 고체 등 사용하는 재료의 형태에 따라 조형성, 견고성 등의 특성이 상이하다. 액체 기반의 방식들은 정확한 조형이 가능하다는 장점이 있으나 내구성이 떨어진다는 단점이 있고, 파우더 기반 방식은 다양한 원료의 사용이 가능하며 액체 기반의 방식보다 결과물이 견고하다는 장점이 있으며, 고체 기반 방식은 낮은 제조단가와 내습성 등의 장점이 있으나 열에 다소 취약한 단점이 있다. 주요 소재로는 수지와 금속이 사용되고 있으며 수지를 활용한 3D프린팅은 저가형에 적용되고 있고 금속은 고가형의 산업용 프린터에 주로 사용된다. 수지는 플라스틱, 유리, CFRP와 같은 복합재료 등 거의 모든 재료가 사용되어 시제품, 완구 등에 적용된다. 금속은 알루미늄, 티타늄이 많이 사용되어 의료, 기계 부품 등에 적용되고 있으며 이종재료 적층, 고정밀 적층, 적층율 향상 등에 초점을 맞추고 있다.

	단 기	중 장 기
분야	항공, 자동차 등의 고부가가치 부품	의료, 바이오 분야의 기능성 제품
소재	타타늄 합금, 금속세라믹, 복합소재, 탄소폴리머 등	인공장기용 생체친화성 소재, 약품용 방이오 소재 등

자료 : 한국산업은행 기술평가부

그림 19 3D프린터용 소재 기술개발

그림 18과 같이 최근 개발이 진행되고 있는 3D프린팅의 소재는 금속 분야에 집중되고 있으며 주로 티타늄합금과 초내열합금 등과 같은 고부가가치 소재가 주로 연구되고 있다. 티타늄으로 항공용 부품인 Bracket제조시 기존 가공법(절삭)으로는 손실되는 원료가 많아 원가상승의 주요원인이 되지만 3D프린팅을 적용하면 버려지는 원료를 약 1/30로 줄일 수 있다. 이에 따라 저비용으로 고품질의 티타늄 분말을 제조하는 기술개발이 지속적으로 요구되고 있다.

또한, 플라스틱 소재는 용해와 재결정과정의 물성이 더욱 민감하여 나일론5, 나일론6,6 또는 PP 등과 같은 공학적 물성을 갖는 새로운 소재의 개발이 어렵고, 3D 프린팅 플라스틱 소재는 금속소재에 비하여 여러 물성[9]이 요구된다.

이처럼 플라스틱 소재의 모든 중요 물성을 조절하기 어려워 3D 프린터에 사용이 가능한 플라스틱 소재가 제한적인게 현실이다. 특히 FDM과 SLS의 경우에 플라스틱 융점 부근의 온도에서 장시간 체류하므로 플라스틱의 열안정성이 매우 중요하기 때문에, SLS용 고분자 소재인 thermoplastic은 전형적으로 crystalline melting point를 보여야 한다.

즉, 프린팅 작업온도(T)는 결정화 온도(Tc)보다는 높고 융점(Tm)보다는 낮아야 하고, 3D 프

---

9) 입자 크기와 분포, 입자형상, 분자량, 융점, 재결정온도, 용해 시 점성, 레이저에 대한 반응성, 휘발성, 잔존 단량체 & 휘발물질 함유 문제, 장시간 고온에서 분자적 변화 양상(열안정성) 등

린팅 과정에서 변형 (deformation 또는curling) 방지를 위하여 (Tm-Tc) 차이가 가능한 한 큰 분말을 사용하는 것이 바람직하다.

또한, SLS용 고분자 소재인 thermoplastic은 용융엔탈피(enthalpy of fusion: ΔHf)가 가능한 한 클수록 유리한데, 이는 용융엔탈피가 클수록 제조된 제품의 기하학적 형태가 양호하기 때문이다. 만약, 용융엔탈피가 작으면 레이저로 공급된 에너지가 열전도에 의해서 이미 형성된 벽면 부근에 있는 분말입자들을 케이크화하게 된다.

불소고분자와 공중합체는 내열성, 내후성, 발수성, 방오성, 내인화성, 내화학성, 압전성 등이 우수해, laser와 infra-red(IR) sintering 소재로 사용가능하다. SLS 레이저 신터링에 이용되는 불소고분자 또는 불소고분자 공중합체/아크릴 또는 메타크릴 고분자 blend도 포함되며, Polyvinylidenefluoride(PVDF)와 Polychlorotrifluoroethylene(PCTFE)와 이들의 공중합체가 3D 프린팅 SLS 소재로 적합하다.

보다 바람직한 PVDF 공중합체는 적합한 양의 crystallinity를 가지고 있어 확실한 융점을 보여야 하며, 3D 프린팅 인쇄제품의 brittleness를 줄이기 위해 약간의 non-crystallinity도 필요하다.

현재, 3D 프린터 제조업체가 3D 프린팅 소재를 독점하고 있는데, 미국의 3D Systems, Stratasys, 중국의 티타늄 합금 분말, 독일의 **ULTRA, Perfactory**가 3D프린팅 기술중에서 가장 높은 점유율을 가지고 있다.

프린터 제조사는 기계적 물성, 미관, 치수안정성, 수율, 시스템 안정성 등을 고려하여 프린터 시스템과 소재를 서로 최적화하기 때문에 다른 소재를 사용하는 경우 신뢰성과 품질에 문제가 발생할 가능성이 크다.

이는 프린터가 제대로 작동되지 않으면 사용자들은 프린터의 사용을 기피하기 때문에 이에 대한 대처 방안으로 프린트 제조사들은 소재를 프린터에 최적화하기 시작하면서 생겨난 시장의 모습이라고 볼 수 있다.

3D 프린터용 소재를 개발하기 위해서는 장기간의 연구와 장비, 소재 및 수요 업체들과의 종합적인 협력체제가 필요한데, 미국의 전문 고분자 소재업체인 PolyOne은 3D Printing용 첨단소재를 개발하기 위하여 2012년부터 3년 동안 협력연구 프로젝트(US $3백만grant)를 수행하고 있다.

PolyOne은 연구개발 초기 항공산업 및 자동차산업에 필요한 특수응용소재 연구를 수행했으며 다음 단계에서 의료 포함 모든 분야의 소재연구를 수행할 예정이다. 또한, 본 연구프로젝트에 참여하는 기업은 GE Aviation, 항공기 부품제조 기업, Rapid prototyping bureau(Rapid Prototype&Manufacturing(RP+M)), 3D prototyping 장비 제조기업인 Stratasys 등으로 다양하다.

최근, 기존의 PLS, ABS 소재 외에도 여러 가지 소재에 대한 개발이 발표되고 있는데,실리콘 밸리의 Arevo는 카본 복합재료를 출시했으며 PEEK, PAEK와 카본 복합 고강도 3D Printing 복합재료를 출시하여 항공산업, 방위산업 및 의료산업에 활용하는 것을 목표로 하고 있다.

또한, ULTEM, Solvay의 KetaSpire PEEK&AvaSpire PAEK, PrimoSpire self-reinforced polyphenylene, Radel polyphenylsulfone(PPSU) resins 등을 3D Printing 소재로 활용하기 위한 연구가 진행 중에 있는데, MadeSolid는 2014년 초 차세대 소재 PET+ 개발을 발표하기도 했다. 현재 가장 많이 사용되고 있는 소재인 ABS는 냄새 문제가 있고, PLA는 부서지기 쉽고 습기에 약한 문제가 있는데, PET+ 소재는 ABS와 PLA 두 소재의 장점만을 가진 새로운 소재로서 유연성이 우수하고, 수축과 변형이 없으며 재활용이 가능하다는 장점이 있다.

MS 레진은 SLA 프린터용 소재로서 PET+의 경우와 마찬가지로 현재 사용되고 있는 소재의 단점을 없앤 특수 제조 레진으로 선명한 색상이 가능하고, 점성이 낮아 세척이 용이한 장점이 있다.

미국 3D 프린팅의 선두기업인 Stratasys는 2013년 말 고강도 재료인 '디지털ABS2'를 출시했다. 이는 폴리젯(PolyJet) 방식의 3D 프린터용 소재로서 높은 치수안정성을 부여하여 박벽(thin-walled) 구조의 모형 제작에 이상적인 소재로 손꼽히고 있다.
현재 기존 녹색 외에 아이보리색도 출시했으며, 더 나아가 투명한 소재를 개발하여 화장품과 향수병의 prototype을 제작하는데 사용하고 있다.

국내 소재 전문업체들은 3D 프린팅 소재를 신성장 동력으로 추진 중이나, 현재는 소재시장에 진입하는 초기 단계이다. 국내의 LG화학은 ABS 생산에 집중하고 있는데 ABS는 충격에 강하면서도 가벼워 금속 대체가 가능하기 때문에, 스트라타시스 등이 LG화학의 ABS를 가공해 완제품 성형소재로 활용하고 있다.

대림화학은 3D 프린터용 플라스틱 필라멘트를 생산하고 있으며, 대주전자재료는 터치패널용 나노잉크재료의 개발에 주력하고 있다.

기업	소재 개발 동향
LomikoMetals & American Graphite's Ventures	graphene 소재
Lawrence Livermore	항공, 자동차와 우주선용 초경량, 초경도, 고강도 소재
Windform	카본섬유, 유리 강화 polyamide 소재
DSM	365nm 포함 높은 파장대에서 사용 가능한 photo-polymer 소재, 항공과 자동차산업의 열안정성과 정밀성, 신속성 작업에 적합
EOS	Titanium Ti64ELI와 Stainless Steel 316L 소재
ExOne	청동 합유 316 stainless steel, 청동 합유 420 stainless steel, 동 합유 철과 접합된 텅스텐 소재
Madesolid	레진 출시, 점성이 작아 프린터, 잉크통의 세척 용이
Metalysis	자동차 부품용 저렴한 titanium 분말
Texas Tech	플라스틱과 카본나노튜브 복합 소재

[그림 20] 3D 프린팅 소재 개발 동향

적층방식	기술명	정의
Extrusion (압출)	FDM (Fused Deposition Modeling)	• 가는 실(필라멘트) 형태의 열가소성 물질을 노즐 안에서 녹여 얇은 필름 형태로 출력하는 방식으로 적층 • 노즐은 플라스틱을 녹일 수 있을 정도의 고열을 발산하며 플라스택은 상온에서 경화
Jetting (분사)	MJM (Multi Jetting Modeling)	• 프린터 헤드에서 광경화성 수지와 WAX를 동시분사 후 UV Light로 고형화하는 방식으로 적층 • 광경화성 수지는 모델의 재료이며 WAX는 지지대로 사용
	Polyjet	• 광경화와 잉크젯 방식의 혼합 • 이스라엘의 Objet에서 개발(현재 Stratasys에 인수)
	3DP (3 Dimensional Printing)	• 노즐에서 액체 상태의 컬러 잉크와 경화물질을 분말 원료에 분사하는 방식으로 적층
액체 Light Polymerized	SLA (Stereo Lithography Apparatus)	• 액체 광경화성 수지가 담긴 수조 안에 저전력·고밀도의 UV 레이저를 투시하여 경화시키는 방식으로 적층 • 조형판 위에 지지대(받침대)를 조성하고 조형하고자하는 모델의 아랫부분부터 경화·적층
	DLP (Digital Light Processing)	• 액체 상태의 광경화성 수지에 조형하고자 하는 모양의 빛을 DLP (Digital Light Projector)에 추사하여 적층 • 프로젝터에서 나온 이미지를 마스크 단위(2차원)로 투사
고체 Granular Sintering (melting)	SLS (Selective Laser Sintering)	• 베드에 도포된 파우더(분말)에 선택적으로 레이저를 조사·소결하고, 파우더를 도포하는 공정을 반복하여 적층
	SLM (Selective Laser Melting)	• 도포된 금속 파우더에 선택적으로 고출력 Ylterbium-Fibre 레이저를 조사하여 용용시키는 방식으로 적층 • 금속 파우더가 용용되는 동안 산화 방지를 위해 불활성 가스(아르곤, 질소)가 챔버 내에 공급
	EBM (Electron Beam Melting)	• 고진공 상태에서 전자 빔을 활용하여 금속 파우더를 용해하는 방식으로 적층
Directed Energy Deposition	DMD (Direct Metal Deposition)	• 지지대 역할 금속 표면에 고출력 레이저 빔을 조사하여 일시적으로 용용틀을 형성하고 여기에 금속 분말을 공급하여 클래딩 층을 형성(DMT로도 알려짐)
Wire (인발)	EBF (Electron Beam FreeForm Fabrication)	• 와이어 형태의 금속 원료에 전자빔을 조사시켜 경화시키는 압식으로 적층 • NASA의 Langley Research Center에서 개발 주도
Sheet Lamination	LOM (Laminated Object Manufacturing)	• 모델의 단면 형상대로 절단된 접착성 종이, 플라스틱, 금속 라미네이트 층 등을 접착제로 접합하여 조형

그림 21 3D프린터 기술별 특징

대표기술	만료시기	파급효과
SLA(美)	'04.08월	최초 특허 만료로 관심증대 및 가격인하
FDM(美)	'09.10월	3D프린팅 대중화(ReaRap 확산)
SLS(美)	'14.02월	주요 공정특허 만료로 제2차 확산
DMLS(美)	'14.08월	Metal 3D프린팅 확산 예상
3DP(美)	'14.09월	트루컬러 구현 3D프린팅 확산 예상

자료 : 미래창조과학부 및 산업통상자원부(2014), "3D프린팅 산업 발전전략"

그림 22 3D프린터의 대표기술의 특허 만료 시기와 파급 효과

(4) 3D프린팅 서비스 산업

  3D프린팅 서비스 산업은 3D프린팅 기술을 기반으로 이를 해당 산업 분야에 활용하는 산업으로 항공, 자동차, 의료, 건설, 소매, 식품, 신발, 의류, 패션 등 산업의 전 분야에 해당된다. 3D 프린터로 인한 산업 영역에서의 변화의 의미를 살펴보면 다음과 같다.
  첫째, 아디디어 구현을 위한 생산이 용이해, 제조업 창업이 수월해진다. 3D 프린터로 제품이 생산되기 때문에 생산 설비가 따로 필요하지 않아, 창업이 쉬워지고, 더욱이 크라우드 펀딩, 오픈 소스, 크라우드 소싱과 결합하면 이는 더욱 촉진된다. 설계도면, 디지털 파일만 있으면 누구든 만들 수 있는 이런 산업적 변화는 대량 생산을 위한 공급망 관리가 관건인 제품 중심에서 사용자, 소비자 중심으로 이동하게 되고, 생산 방식이 선생산 후거래에서 거래 후 생산 모델로 바뀌어 새로운 유통 모델로 이끌게 된다. 제조업은 온라인을 통해 도면만 구입해 프린트하면 소비자가 즉 생산자가 되는 '소셜 제조업'이 가능해진 것이다. 대량 생산에 맞는 산업 사이즈도 소규모화, 지역화 된다. 지역화 되는 생산방식은 실제 제품이 들어오기 어려운 지역에서 물건을 직접 프린트해 사용할 수 있도록 한다.
  둘째, 제조업과 서비스업의 구분이 사라지고 영역간 구분도 사라져, 산업 내 산업 간 경계가 사라진다. 2차 산업인 제조업과 3차 산업인 서비스업이 확연히 구분되는 현 산업 형태가 미래에는 서비스산업분류표에 제조업이 포함 되어, 고객 원하는 제품을 생산하는 서비스업의 형태로 나타날 것이다. 이런 제조의 서비스화, 제품의 서비스화는 시장을 제품 중심의 시장에서 '서비스 중심'으로 바꾼다. 서비스 중심의 시장에서는 소비자의 의견을 반영한 맞춤형 상품을 제작하고, 제품 생산의 전체 주기에 걸쳐 소비자와 소통을 한다. 이와 같은 형태는 제조업이 서비스업에서 더 나아가 소비자의 아이디어를 제조하는 지식 산업으로 바뀌는 것을 의미한다.
  셋째로, 저작권이 산업에 핵심문제로 자리할 것이다. 정보 네트워크 사회가 더욱 발달할수록 소비자들은 자료를 공유하고 정보를 나누어 가지기 때문에 작품에 대한 저작권에 대한 개념이 분화되고, 저작에 대한 새로운 정의를 요구한다. 지적 자산거래를 구매하는 IP 상품을 판매하는 서비스도 활발해 질 것이다. 저작권 침해의 문제에 있어서 제조업에서 제조 역량보단 설계 역량이 중요해지고 생산 권리에 더 부가가치가 생길 것이다. 이에 따라 저작권 관리가 필수가 될 것이며, 저작권 문제에 대한 법제화가 필요하다.

2) 스마트소재[10)

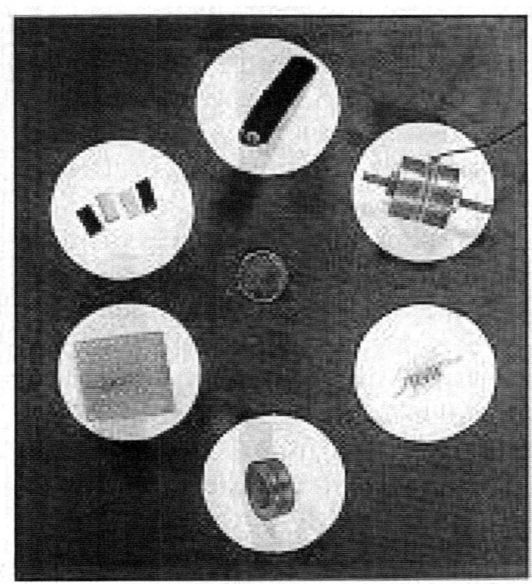

[그림 23] 스마트 소재

 4D 프린팅에서 가장 핵심적인 부분 중 하나는 자극 반응형 소재 (Stimuli-responsive material), 또는 스마트 소재 (Smart material)이다. 스마트 소재들을 적절하게 설계하여 3D 프린팅으로 제작하는 것이 4D 프린팅 기술이기 때문이다.

 스마트 소재란 특정 외부환경의 자극에 반응하여 형상 또는 물성을 변화시킬 수 있는 소재를 의미한다. 이러한 반응을 외부 자극에 적응하는 지능적 거동이라 일컬으며, 외부 자극에는 습도, 온도, 전,자기장, 압력, 빛, 표면장력 등 매우 다양한 에너지원이 포함된다. 대부분의 스마트 소재는 한 가지 자극에 한 종류의 기능 변화를 보여주는데, 예를 들어 온도가 높아지면 구부러지는 등 아직까지는 기초적인 기능 수준에서 동작한다. 하지만 추가적인 기능과 물성을 조합하면 복잡한 전기/기계적 시스템의 부품으로 활용될 수 있다. 이러한 특징을 기반으로 스마트 소재는 액추에이터, 센서부터 자동차, 로봇, 생체의료소자, 에너지 하베스팅 소자까지 다양한 분야에 이르는 응용 분야에 활용되는 연구가 이루어지고 있다.[8)

 스마트재료는 수동형 스마트재료와 능동형 스마트재료로 구분되어있다. 먼저 수동형 스마트재료는 외부 환경이 달라짐에 따라 적당한 방법으로 반응하는 재료를 말한다. 이 재료는 자기가 갖는 특성을 향상시키기 위해 외부 장이나 힘, 또는 피드백 시스템을 갖고 있지 않다는 점이다. 가장 좋은 예는 부분 안정화 지르코니아다. 이 재료는 상전이가 일어나면서 균열의 끝(tip)부 분에 압축응력을 만들 수 있기 때문에, 기계적 특성이 우수하다. 이와 비슷하게 비행기에 쓰이는 탄소계 복합체나 가공할 수 있는 유리-세라믹 복합체도 섬유(fiber)의 풀-아웃(pull-out)이나 갈라 짐(branching)같은 강화기구가 나타내면서 파괴인성이 높아진다는 점에서 수동형 스마트 재료로 볼 수 있다. 또한, 세라믹 배리스터나 PTC(positive temperature

---

10) 스마트재료/다이아몬드 kist

coefficient) 서미스터도 수동 스마트 재료로 볼 수 있다. 예를 들어 산화아연 배리스터는 높은 전압을 받게 되면 저항을 잃어버리기 때문에, 전류 는 접지를 통해 밖으로 흘러나간다. 따라서 스스로 자신을 보호할 수 있다. 그리고 배리스터도 주 기적으로 전압펄스가 주어지는 상황에서 전압과 전류가 갖는 비선형성(nonlinearity)를 회복할 수 있는 기능을 갖고 있다. 또 바륨 티타네이트 PTC도 130℃ 부근에서 전기저항이 크게 높아지기 때문에, 전기충격으로부터 어떤 것을 보호하는데 사용할 수 있다. 전압에 따라 저항특성이 달라지 는 배리스터나 PTC 서미스터도 특성 비대칭성이 심하고, 보호할 수 있는 기능을 갖기 때문에 수동 스마트 세라믹 재료라고 볼 수 있다.

 이밖에 전극 캐피시터(electtrolytic capacitor)나 고분자 캐패시터(polymer capacitor), 여러 가지 상으로 구성된 로켓노즐, 열 지연 PTC 서미스터 복합체 (thermal delay composite PTC thermistor) 등도 이 재료에 속한다.

 반대로 능동형 스마트 재료는 센서와 액츄에이터로 구성된다. 센서는 여러 가지 가 있는데 화학적인 변화를 감지할 수 있는 ZnO, 또는 2 상 p-형 반도체 복합체(2-phase composite of a p-type semiconductor)로 만든 화학센서(chemical sensor)가 대표적인 예이며, 전 도성을 갖는 고분자, 절연성을 갖는 고분자 기지에 전도성 필러(filler)를 채운 복합체같은 것도 센 서로 사용된다. 또 광섬유등도 센서로 사용되고 있다. 센서와 함께 능동형 스마트 재료를 구성하는 액츄에이터는 신호에 반응하는 특성을 갖추고 있으며, 피에조 재료(piezoelectric materials), 일렉트로스트릭티브 재료(electristrictive materials), 형상기억 합금, 열조절 가능재료(thermally controllable materials), 전자레올로지 액체 (electrorheological, ER, fluid) 같은 것이 쓰인다. 이중 가장 많이 쓰이는 네가지 그룹을 살펴보면 다음과 같다.

종류	특성
형상기억합금	어떤 온도에서 원래 가지고 있던 모양을 회복하는 특성을 가지면서 대표적안 재료는 니타놀이며, 이 재료로 로봇을 만들었지만, 단점은 반응이 느리다.
피에조 재료	1880년 프랑스의 피에르와 퀴리에 의해 발견되었는데, 전압에 따라 수축과 팽창을 할 수 있다는 특징을 갖고 있다. 이때 수축과 팽창 정도는 1% 미만이지만 반응속도가 대단히 빠르기 때문에 광소자, 마그네틱 헤드, 로봇, 잉크젯 프린터등 많은 분야에 쓰인다.
일렉트로스트릭티브	전기장보다는 자기갖에 반응한다는 특징을 갖고 있다. 희토류인 터비움을 함유한 터페놀 D(Terfenol-D)라는 재 료가 대표적인 것으로 약 0.1%정도 팽창할 수 있고, 고출력 소나 전환기 (high-power sonar transducer), 모터, 수력 액츄에이터 (hydraulic actuator) 등에 쓰인다.
전자 레올러지 액체	액체안에 작은 입자를 포함하고 있으며, 전기장이나 자기 장에 따라 이 입자들이 반응하면서 액체의 점성을 바꾸어 놓는다. 응용분야는 댐퍼(tunable damper), 진동차단 시스템, 로봇의 팔, 브레이크나 클러치같은 내마모 소자등에 쓰인다.

[표 1] 스마트 소재의 종류와 특성

이러한 스마트 소재를 분류하기 위해 사용될 수 있는 기준은 다양하다. 그 중에서, 소재에 가해지는 외부 자극의 종류를 기준으로 소재를 분류하면 대표적인 스마트 소재들은 다음과 같이 분류된다.9) (1) 전기 자극에 반응하는 전도성 고분자 (Conductivepolymer), 이온성 고분자 (Ionic polymer), 액정 탄성 중합체(Liquid crystal elastomer), 유전 탄성체 (Dielectric elastomeric actuator), 전기 유변유체 (Electrorheological Fluid), 전기 전도성 복합체 (Conductive composite). (2) 자기 자극에 반응하는 자성 유체 (Ferrofluid), 자기 유변 유체 (Magnetorheological fluid)), 자성 복합체 (Magneticcomposite). (3) 온도에 반응하는 형상 기억 고분자(Shape memory polymer), 형상 기억 합금 (Shape memory alloy), 액정 탄성 중합체 (Liquid crystal elastomer), 하이드로젤 (Hydrogel), 액체 금속(Liquid metal). (4) 빛에 반응하는 아조벤젠 기반 고분자 (Azobenzene containing polymer). (5) 내부 유체의 압력에 변형되는 탄성 중합체 (Elastomer) 등이 있다.

가) 스마트소재 시장 동향

스마트소재는 제조업, 방위/항공우주, 자동차, 소비자 가전, 헬스케어, 토목 등 다양한 분야의 산업에 사용되고 있다. Allied Market Research의 2016년 보고서에 의하면, 세계 스마트소재 시장의 규모는 2015년 289.7억 달러에서 연 평균 14.9%의 성장률을 보이며 2024년 959억 달러에 이를 것으로 예측되며, 국내시장은 2015년 6,868억 원에서 연평균 15.9%로 성장하여 2024년 2조 5,470억 원으로 예측된다.

지역별 스마트소재 시장은 독일, 미국, 중국, 일본 등 전통적인 소재 강국들은 생산 효율 증대와 친환경 고객 맞춤형 생산으로 제조업 경쟁력을 강화하고 있는 설정이다.

지역	2021	2022	2023	CAGR (%)
북미	94.2	101.1	108.6	7.37
유럽	85.2	90.6	96.3	6.3
아시아	114.5	125.8	138.3	9.9
중동	17.4	19.4	21.6	11.3
합계	311.0	336.2	392.7	8.08

[표 2] 세계 스마트 소재 시장 전망 (단위: 억 달러)

아시아 태평양 지역은 2023년 세계 시장에서 가장 큰 비중을 차지했는데, 이는 중국, 인도의 급속한 산업화로 인해 건설, 제조, 자동차, 소비자 가전 산업 등에서 스마트 재료의 수요가 증

가하고 있기 때문으로 보인다. 또한 아시아 태평양 지역에서는 스마트 기기에 대한 가국 정부가 높은 투자를 진행하고 있으며, 중소기업의 스마트 소재 투자 활성화를 유인하는 지원 정책이 스마트 소재의 사용을 가속화 시키고 있다. 국내 스마트 소재 시장의 규모는 2023년 107.6억 달러에서 연 평균 11.2%의 성장률을 보인다.

스마트 소재의 응용 시장을 살펴보면, 변환기는 다양한 전자 제품에서 응용이 증가해 2015년 76.7억 달러를 기록하며 가장 큰 시장을 차지했으며, 예측기간 동안 연 평균 12.4%의 성장률을 보이며 2025년 234.1억 달러에 이를 것으로 전망된다.

코팅 부분은 방위 및 항공우주, 상업 분야에서 스마트 코팅을 점차적으로 채용함에 따라, 가장 높은 성장률(42.1%)를 보일 것으로 예측되며, 그 결과 2024년 143.7억 달러에 이를 것으로 보인다.

응용 분야	2015년	2016년	2017년	2018년	2019년	2020년	2021년	2022년	CAGR (%)
변환기	76.7	81.8	88.1	96.1	106.5	120.2	138.9	164.9	12.4
액추에이터, 모터	128.0	138.1	149.7	163.7	180.8	202	228.9	263	11.3
센서	51.6	57.7	65.1	74.4	86.4	102.2	123.7	153.9	17.8
구조재료	26.9	29.7	33.1	37.4	42.8	50	59.7	73.4	16.2
코팅재	6.4	8.6	11.8	16.2	22.7	32.4	47.3	71.2	42.1
합계	289.7	316.0	347.8	387.8	439.2	506.9	598.5	726.3	14.9

[표 3] 응용 분야별 스마트 소재 세계 시장 전망

이러한 스마트 소재를 구동하는 핵심 요인 중에서 노령 인구의 증가, 응용분야의 확대, 정부 정책/ 인센티브 제도, 스마트 소재 제품의 가격 저감, R&D 투자 증가 등은 긍정적인 요인으로 작용하고 있으며, 스마트 소재의 고비용 문제, 스마트 소재 사용의 이점에 대한 인식 부족은 부정적인 영향을 미칠 것으로 예상된다.

나) 스마트소재 기술 동향

(1) 기업기술

세계 스마트 소재 시장의 주요 기업은 일본의 KYOCERA, TDK, 덴마크의 Noliac, 미국의 APC International, CTS, Channel Technologies Group, LORD, Advanced Cerametrics, Metglas, 독일의 CeramTech등이 있다.

이들 기업들은 제품 혁신과 함께 다양한 스마트 소재의 성장과 수요를 증가시키기 위해 R&D활동에 상당한 투자를 기울일 것으로 보이며 또한, 세계 시장 지배력과 이윤 증대를 위해 M&A에 집중할 것으로 예측된다.

2016년 5월 일본의 KYOCERA는 무정전 전원장치, 범용 인버터, 상업용 공조기, 서보 드라이버, 용접 기계, 전압 인버터 와 같은 산업에 응용하기 위한 고 신뢰성의 비용 효과적인 2-in-1, 6-in-1 다이오드 모듈을 출시했으며 덴마크의 Noliac은 Fuse Actuator Piezo Stacks를 선보이고 엑추에이터 생산 라인을 확장했다.

CTS는 2015년 자회사인 CTS Electronic Components를 통해서 최소 크기의 석영 결정인 Model 416을 출시하고, 그 주파수 제어 제품의 생산라인을 확장했는데, 본 제품은 마이크로 프로세서, 블루투스, 소형 최종 사용자 기기, 웨어러블 전자기기, 휴대용 기기 등의 조밀한 공간에 사용 가능할 뿐만 아니라 장기적 신뢰정과 정확성을 제공한다.

국내에서의 스마트 소재에 대한 연구개발은 대학(서울대, 인하대, 전북대, 부산대, 연세대, 경북대, 울산과학기술원, 성균관대, 중앙대, 한양대, 고려대, 포항공대, 충남대 등)과 연구소(한국과학기술원, 생산기술연구원, 한국과학기술연구원, 한국기계연구원, 전자통신연구원, 재료연구소 등)를 중심으로 비교적 활발히 진행되고 있는 편이다.

국내에서는 주로 센서, 액추에이터 용 스마트 소재와 에너지 저장용 탄소나노튜브 기반의 복합재료 연구가 수행되고 있다.

국내의 스마트 소재 관련 기업은, 형상기업합금 부문에서는 ㈜에스엠에이가 TiNi, TiNiNb, TiNiCu, TiNi계 형상기억합금을 개발하여 선재, 판재, 스프링, 링 등 형상의 제품을 제조하고 있으며, ㈜메타텍은 치과재료용 형상기억합금 제조 및 가공기술을 확보하고, 기능성 초전형 세라믹소자 및 초전형 적외선 센서의 국산화에 성공하여 생산 중에 있고, 강앤박 메디컬은 형상기억합금을 이용해 의료용 소재를 개발하고 제조 및 판매하고 있다.

(2) 스마트 구조[11]

생체 소재들은 이미 다양한 수준의 형상, 물성, 구조 적 기능을 가지고 있다. 예를 들어 생체 내 생명정보의 핵심인 DNA와 생명활동의 핵심인 단백질은 모두 1차원 형태의 기본 분자 시 퀀스가 3 차원으로 자기조립 되어있고, 필요할 경우 형상 변화를 통해 정보를 전달하거나 다 양한 기능을 수행할 수 있다. 이러한 구조적 설계는 구조를 구성하는 단일 유닛의 기능에서 나아가 구조 자체로 인한 창발적 기능을 가질 수 있게 한다. 그에 비해 한 가지 물성의 스마 트 소재 자체는 보통 단순 변형만 나타내기 때문에, 이들의 단순 변형을 구조적으로 설계하여 자기조립을 통해 복잡한 형상을 만드는 것이 4D프린팅의 핵심 목표이다. 자기조립의 과정에 서 원하는 형상을 어떤 방식으로 만들어낼 수 있느냐에 따라 다양한 구조적 설계 원리가 존재 한다. 아래의 내용에서는 그러한 다양한 구조적 설계 방법들인 스마트 구조들을 소개한다.

(가) 오리가미

종이 접기 (Origami)는 단순한 놀이나 예술적 의미에서 나아가, 엔지니어링 장치 및 구조물 디자인을 위한 하나의 설계 방식으로 활용되고 있다.[14] 종이접기 구조는 제작이 쉬울 뿐만 아니라 새로운 형태로 재구성하는것이 용이하며,고, 제작, 조립, 보관 및 변형 등 여러 측면에 서 장점을 가지고 있다. 또한, 이러한 설계 원리가 거의 모든 스케일에 적용될 수 있다는 것 역시 종이접기의 큰 장점 중 하나이다. 예를 들어, 이미 생명체는 생체소재인 DNA나 단백질 을 접힘 (Folding) 기반으로 나노 스케일에서 구조를 집적한다. 이를 모방하여, 1980년대에 DNA를 접어서 나노 스케일의 빌딩 블록을 만들었던 연구와[15] 2000년대에 DNA 사슬을 원 하는 대로 접어 원하는 형상을 만들었던 DNA origami[16] 연구를 시작으로 나노스케일에서 종이 접기 원리를 활용한 다양한 연구들을 찾아볼 수 있다.

오리가미 구조는 기본구조를 접는 순서와 방식에 따라 자유로운 형상 변형이 가능하다는 특 징을 가지고 있기 때문에, 4D 프린팅 분야에서도 활발하게 이용되고 있는 구조 설계법이다. 4D 프린팅 구조에서 접히는 부분을 스마트 소재로 구성하면, 외부 자극에 따라 해당 부분이 접히거나 변형되며 원하는 형상으로 스스로 모양이 바뀌게 된다. 나아가, 기존의 오리가미 구 조가 단순히 접혔을 때는 접히는 부분이 견딜 수 있는 하중이 약하다는 점을 보완하기 위해 서, 최근에는 쌍안정 구조(Bistable structure)를 이용한 스프링 오리가미 (Sping origami) 설계법이 제안되어,[17] 오리가미 구조를 더 효과적으로 이용할 수 있는 4D 프린팅 기술이 발 전하고 있다. 오리가미 구조는 각 모듈들 사이의 통신 및 결합을 이용해서 여러 가지 형태로 구조를 변화시킬 수 있는 모듈형 로봇,[18] 그리고 우주선에서 태양 빛을 능동적 으로 가릴 수 있는 구조까지[19]거의 모든 스케일의 시스템에서 다양한 형태로 응용되어 그 가치를 증명하고 있기 때문에, 4D 프린팅 구조와 다양한 시스템을 결합시키는 데에도 매우 유리한 설계법이 될 수 있다.

(나) 키리가미

키리가미는 오리가미의 변형된 형태로, 접은 종이를 미리 디자인된 선을 따라 칼로 흠집을 낸 뒤 종이를 살짝 잡아당겨 3차원 형상을 만드는 구조로, 키리가미 구조는 간단한 과정을 통해 2 차원 에서 3 차원 구조를 만들 수 있다는 장점 때문에 소자설계 뿐 아니라 나노소재의 물

---

11) 스마트 소재 및 구조 기반 4D 프린팅 기술 동향 / 송현서, 김지윤†
울산과학기술원 신소재공학부

리적 특징을 설계하는데도 사용된다. 2015년의 미시건 대학교 연구진들은 이러한 키리가미 구조의 장점을 활용하여 제시한 새로운 형태의 태양 전지판을 제시했다. 이것은 얇고 잘 휘는 넓은 태양 전지판 평면에 미리 디자인된 절단 패턴을 따라 절단을 만들고 이것을 살짝 잡아당겨 만든 3차원 형태의 태양전지판이다. 이렇게 만들어진 3 차원 태양전지판은 2 차원 평면 형태에 비해 다양한 각도의 기울기가 형성되어, 달라지는 태양 위치에 따라 태양 에너지 흡수 효율을 높일 수 있었다. 키리가미 구조를 적용하는 물질이 종이에서 다양한 재료들로 확장되면, 재료에 추가된 절단 패턴에 따라 재료의 탄성 및 변형 정도 조정이 가능해진다. 2015년에는 코넬 대학교 연구팀이 이를 활용하면 신축성을 갖는 전기 전도성 소재 개발 방안을 제시했다. 그래핀은 탄소 원자들이 결합하여 만든 육각형 벌집 모형의 2차원 소재이며 높은 안정성을 갖는 반면 인장력을 가하면 찢어지는 성질을 가진다. 이것은 2 차원 소재의 특징상 인장력이 가해졌을 때 특정 부분에 힘이 집중되면서 소재가 견디지 못하기 때문이다. 하지만, 수학적 계산을 바탕으로 소재에 절단 패턴을 추가하면, 인장력을 가할 때는 힘이 분산되어 소재의 3차원적인 변형이 일어나고, 힘을 제거할 경우 원래 상태로 돌아가는 신축성이 부여되는 것이다.

키리가미 구조 역시 4D 프린팅 구조로 활용될 수 있는데, 최근 하버드대학교 연구진들의 키리가미 기반의 스마트 액츄에이터를 이용한 소프트 로봇 개발했을 뿐 아니라 3D 프린팅을 이용한 키리가미 기반 액츄에이터등이 다양하게 연구되고 있다. 키리가미 구조도 오리가미 구조와 같이 스마트 소재를 4D 프린팅 하는 효과적인 하나의 구조로 자리를 잡아갈 것이다.

(다) 메타물질

메타물질 (Metamaterial)은 자연계 물질로는 실현될 수 없는 특성이나 기능을 가지도록 인위적으로 설계된 물질을 의미한다. 여기서 메타물질의 특성은 메타물질을 구성하는 분자나 물질의 자체적 물성보다 인위적으로 설계된 반복 구조에 의해 발현된다. 즉, 물질을 이루는 반복되는 구조의 배열과 패턴 등이 메타물질의 새로운 물리적 특성을 만드는데 중요한 역할을 하는 것이다. 대표적인 메타물질로는 광 메타물질 (Photonicmetamaterial)이 있다. 물질 내 구조들의 크기와 간격을 이용하여, 예를 들어 유전율 또는 투자율이 음의 값을 가져 음의 굴절률을 가지고 있는, 자연계에 존재하지 않는 광학적 물질을 설계할 수 있다. 이러한 광 메타물질은 투명망토, 고성능 렌즈, 고효율 파동 흡수제 등 여러 분야에 적용될 수 있어 큰 주목을 받고 있다. 광 메타 물질 외에, 자연계에는 존재하지 않던 기계적 물성을 보여주는 기계적 메타물질 (Mechanical metamaterial) 이 있다. 이들이 보여주는 독특한 기계적 물성들 중에는 대표적으로 음성 푸아송 비 (Negative Poisson's Ration, NPR) 가 있다. 자연계 물질들은 일반적으로 양의 푸아송 비 (Positive Poisson's ratio)를 가지는데, 외력에 따라 변형되더라도 부피를 유지하려는 특징 때문에 특정한 방향을 따라 압축(신장)될 때 가해진 힘에 수직인 방향으로 팽창(수축)하려는 성질을 보인다. 반면 NPR를 갖는 기계적 메타물질들은 오히려

압축(신장)될 때 수축(팽창)하려는 특징을 보인다. 이러한 물성을 기반으로 NPR 물질들은 인공근육, 충격파 흡수 재료나 센서 등 다양한 분야에 응용되고 있다. 이처럼, 메타물질은 물질의 구조를 설계하는 것만으로도 독특한 물성을 가지게 할 수 있기 때문에, 이미 3D프린팅을 활용하여 다양한 구조들이 제작 및 연구되고 있다. 나아가 최근에는 메타물질을 스마트 소재로 제작하여, 외부 환경에 따라 형태뿐만 아니라 물성 자체를 변화시키려는 시도들이 늘어나

고 있다. 예를 들어, 하이드로겔과 같은 기존의 소프트 재료는 수분 흡수시 양의 팽윤비를 보였던 것과 달리, 하이드로겔 메타물질을 설계하여 음의 팽윤비를 가지는 소프트 메타물질을 개발 할 수 있다. 이를 위해서는, 스마트 재료를 이용하여 복잡한 반복 구조를 가지고 있는 형상을 제작하는 기술이 중요하다. 3D 프린팅 기술 자체가 복잡하고 반복되는 내부 구조를 구현하는데 매우 유리하기 때문에, 4D프린팅에도 효과적으로 적용될 수 있다.

(라) 기타

 앞서 제시한 오리가미, 키리가미, 메타물질 외에도 생체모방 구조 (Biomimetic structure), 직물구조(Textile), 다중안정 구조 (Multi-stable structure), 무게중심 제어 구조 등이 스마트 소재를 이용한 구조 설계에 활용되고 있다. 예를 들어, 생체모방 구조의 하나인 텐세그리티 (Tensegrity) 구조는 기계적 물성이 상반되는 두 소재를 네트워크 구조로 연결하여 상보적인 기계적 물성을 만들어 낸다. 이 구조는 네트워크 구조의 복잡도를 이용해 형상을 모방하거나 물성을 설계할 수 있으며, 동일한 부피로 구조를 제작했을 때 더 많은 하중을 지지할 수 있는 등의 장점을 가지고 있다. 최근, 형성 기억 고분자로 텐세그리티 구조를 제작하여, 프린팅된 구조물이 온도에 따라 2차원으로 전개되거나 3차원 텐세그리티 (Tensegrity) 형태로로 복원되는 스마트 구조가 제작되었다. 이러한 다양한 구조적 설계 기법들을 기반으로, 스마트 소재와 3D 프린팅을 기반으로 하는 4D 프린팅 구조물의 복잡도가 점점 높아지고 있다. 다양한 스마트 소재와 스마트 구조의 융합은 4D 프린팅이 가능성과 응용분야를 확장하는데 큰 역할을 할 것이다.

나. 4D 프린팅 응용 분야[12)

1) 의료 분야

현재 3D 프린팅을 통해 살아있는 세포를 출력하는 기술로 신경조직까지 만들 수 있는 경지에 이르렀다. 여기에 열, 공기 등 주변 환경 또는 자극에 스스로 모양을 변경하고, 제조할 수 있는 '자가변형기능'을 탑재한 4D 프린팅 기술이 새롭게 도입되고 있다. 4D 프린팅 기술을 접목할 경우 유연한 특징으로 최소한의 절개 후 인체 요소와의 반응을 통해 원하는 부위에 크기로 접합 가능해지는 것이다. 또한, 인공조직이나 장기, 치료기구의 크기가 체내 삽입 후에 커지도록 설계 시 몸을 절개하는 수술 절차도 뛰어넘을 수 있을 것으로 관측된다. 그리하여, 4D 프린팅을 통해 여상 데이터, 유전체 정보, 약물 반응 정보가 종합적으로 있는 칩을 만들어 약물 스크리닝 툴을 마련하고 개별 환자에 가장 적합한 치료제를 선별한다는 의미다.

예를 들면, 2015년 미국에서 4D프린팅 기술을 활용해 기관지를 다친 생후 5개월 된 아기를 치료하는데 성공했다. 형태를 바꿀 수 있는 플라스틱 '폴리카프로탁톤(PCL)' 을 프린터로 인쇄해 목에 대는 부목으로 사용했다. 부목은 아이가 자라면서 조금씩 커지고 기관지가 자리를 잡는 3년 후 물에 녹아 없어진다. 4D 프린팅 기술로 인해 여러 번의 수술을 받았어야 할 아이의 고통을 덜어줄 수 있었다. 또한 국내 한 연구팀이 4D프린팅 기술을 이용해 동물의 근육과 **뼈**를 재생시키는 놀라운 성과를 발표했다. 이들은 콜라겐과하이드록시아파타이트 (hydroxyapatite, 치아와뼈의주성분)로 만든 지지대를 4D프린터로 제작하여 **뼈**가 어긋난 생 쥐에게 적용한 결과, 골조직 형성이 증가했고 이식 부위 주변 조직에서 신생혈관도 효율적으로 생성되는 성과를 보였다.

2) 사회기반시설 분야

4D 프린팅 기술을 활용해 상하수도관 개발에 접목시킬 수 있는데, 특정 목적을 위해 상하수도관의 자가변환 기술을 통해 관을 확장하거나 축소 할 수 있다. 이를 통해 별도의 시간과 비용을 수반하지 않고 도시 계획의 목적에 따라 상하수도관 형태 변경이 가능해질 것으로 전망된다.

3) 자동차, 항공, 방위산업 분야

4D 프린팅 기술을 자동차 코팅부문에 활용하게 되면 다양한 주변환경의 변화에 맞게 변형 가능한 형태로 전환 가능하다. 즉, 환경의 변화에 맞게 차량 코팅부문이 변환 가능해 차량 외관 부식을 방지할 수 있으며 또한, 차량 부품 개발에도 4D 프린팅 기술을 활용한 재질을 활용해 유연성과 강도를 자유롭게 조절 가능한 제품을 생산할 수 있어, 제품 생산의 효율성을 향상시킬 것으로 예상된다. 또는 4D프린팅 기술은 도로의 환경에 따라 바퀴의 모양을 변형시킬 수 있다. 일반 도로와 산악지대 등을 구분해 바퀴가 이에 맞는 바퀴로 변형되는 것이다. 독일의 BMW는 '비전 넥스트 100(Vision Next 100)' 을 통해 '상상의 드림카'를 현실 속에 구현해냈다. 바로 4D프린팅 기술을 통해서 말이다.

---

12) 4D 프린팅 /해시넷 위키

항공 분야는 4D 프린팅 기술을 활용할 수 있는 분야가 다양할 것으로 예상되는데, 예를 들면, 항공기의 외부 손상이 감지될 경우, 자가 수선이 가능할 것으로 전망된다.

군사방위 분야에서는 4D 프린팅 기술을 군복 재질에 접목시켜 외부로부터 비춰오는 빛을 군복에서 굴절시켜 적으로부터 은폐를 할 수 있는 군복을 개발중이다. 또한, 탱크와 군용 트럭 외관 제조 시 4D 프린팅 기술을 활용해 성능을 획기적으로 향상시킬 수 있을 것으로 전망된다.

4) 의류산업 분야

MIT(Massachusetts Institute of Technology)출신이 창립한 미국의 디자인 스튜디오 너버스 시스템(Nervous Systems)은 4D프린팅을 이용한 독특한 드레스를 만들었다. 이들이 만든 옷은 2,000개 이상의 부품으로 구성된 키네메틱스 드레스(kinematics dress)로, 3,316개의힌지(hinge)로 상호연결된 2,279개의 독특한 삼각형 패널로 구성되어 있다.
너버스 시스템이 4D프린터로 구현한 이 드레스가 일반 3D프린터로 만들어지는 옷과 다른 점은 사람의 몸에 꼭 맞게 드레스가 변화한다는 것이다. 조각의 패턴이 서로 연결되어 있기 때문에 각각 사람의 체형에 맞춰 변형된다.

5) 제조 및 패키징, 내구소비재 분야

제품 운반 후 목적지에서 4D 프린팅 기술을 활용해 자가변환이 가능한 제품을 개발해 제품 운송비용과 인건비를 획기적으로 줄일 수 있으며, 이를 활용한 가전용 내구 소비재 제품 개발로 가정에서 공간의 제약으로 인한 불편함을 최소화할 수 있다.

3. 4D 프린팅 시장동향

3. 4D 프린팅 시장동향[13][14]

4D프린팅 기술이 다양한 산업 분야에서 이용될 가능성이 높다는 기대감에 국내외 시장 성장률도 긍정적으로 전망되고 있다.

글로벌 시장 분석기업 올 더 리서치(All The Research)가 지난달 발표한 보고서에 따르면 세계 4D프린팅 시장의 규모는 지난해 6,510만달러 수준으로, 오는 2027년 말까지 연평균 복합 성장률(CAGR) 42.1%를 기록하며 4억8,920억만달러 수준에 이를 것으로 예측됐다.

올 더 리서치는 "이번 보고서는 2021년부터 2027년까지 예측 기간 동안 주요 산업 동인, 제한 및 시장 성장에 미치는 영향에 대한 포괄적인 범위를 제공한다"며 "4D프린팅은 제조 공정에서 매우 중요한 역할을 할 것으로 예상돼 향후 시장 수요를 주도할 것"이라고 전했다. 다만 우리나라의 경우 4D프린팅 산업은 아직 관련 지원과 투자가 부족한 수준이라는 것이 기술 분야 전문가들의 평가다. 때문에 이에 따라 국내 기업들과 정부 관계부처들이 4D프린팅 기술 발전을 위한 지원 및 정책을 확보해야할 것으로 분석된다.

실제로 국내 4D프린팅 산업은 기술개발 단계로 아직은 산업 활성화를 기대하기는 어려운 상황이다. 정부 관계부처가 올해 3월 합동으로 발표했던 '2021년 3D프린팅산업 진흥 시행계획'에 따르면 4D프린팅 부문과 관련된 지원은 산업통상자원부와 과학기술정보통신부를 합쳐 약 30억원 정도다. 하지만 4D프린팅과 직접적으로 관련된 지원 부문인 '3D·4D프린팅용 형상기억 고분자 원천소재 및 초내열 합금분말, 금속분말 기술 연구'의 경우 과기정통부 기준 8억원을 지원하는데 그쳤다.

'Industry 4.0'의 영향으로 제조 방법이 변화되고 있으며, 유기적으로 연결되는 스마트 공장 형태로 변화되고 있다. 스마트 팩토리 주요 기술은 인공지능(AI), 사물인터넷(IoT), 로봇, 빅데이터 및 3D프린팅이며, 대량 맞춤 생산 체제의 전환과 이에 맞는 제조 방법의 필요성이 증가되고 있어 4D프린팅 시장 및 신소재 시장 또한 증가할 것으로 보인다.

탄소섬유는 가장 가볍고 강한 직조 물질로서 우수한 강성, 비강성, 부식 및 내마모성의 장점을 갖고 있어 의료용 인공 뼈, 의족 등 가볍고 강성이 요구되는 분야에 사용된다. 콘크리트 구조물 보강재, 산업용 케이블, OLED TV 등 가전제품 등에도 활용되어 시장을 지배할 것으로 예상된다. 시장조사기관 IBIS World의 미국 탄소섬유 시장보고서에 의하면, 2019년 기준 업계 수익 19억 달러를 기록했으며, 2024년까지 연간 3.1% 성장률을 보여 22억 달러로 증가할 것으로 전망된다. 4D프린팅 시장의 경우 2019년 44.68%로 가장 큰 매출 점유율을 보였으며, 3D프린팅 시장에서 큰 점유율을 차지하고 있는 스트라타시스, 3D 시스템즈 등 기업들을 고려할 때 미국이 2028년까지 선두 지역이 될 것으로 예상된다. 이처럼 탄소 섬유 생산 업체들과 MIT 자체 조립 연구소와 같이 탄소 섬유 기술 연구 및 3D프린팅을 활용한 제조 혁신 사례들과 4D 기술개발에 대한 관심도 상승으로 향후 4D프린팅 전체 시장에서 여전히 높은

---

13) '변화'를 찍어낸다… 4D프린팅의 가능성은? / 시사위크
14) 제조 산업의 혁식 및 스마트 소재의 개발 / NICE평가정보(주), 이혜연 전문연구원

점유율을 얻을 것으로 예상된다.

　그러나 4D프린팅 개발에 부과되는 높은 비용과 기술력 격차 등은 적층 제조 기술 확대에 제한이 생긴다. 이전 제조 및 가공 기술은 오랜 시간 많은 노하우와 기술이 연구되고 전해져왔으나, 적층 제조 기술은 제조 방법 및 기술 등이 아직 초기 단계에 있는 상태이다. 그럼에도 4D프린팅 직물, 목재, 탄소 섬유 등 4D 소재 연구 및 개발에 점점 더 많이 투자되고 있으며, 재료에 대한 연구들과 자동차, 군사적 목적이나 의료용 그리고 헬스케어 등 다양한 분야에 적용된 연구 등을 고려할 때 규모는 더욱 확대될 것으로 전망된다.

　세계 4D 프린팅 시장을 국가별로 구분하여 살펴보면 북미지역이 전체 시장에서 높은 비중을 차지하고 있으며, 2026년까지 꾸준히 높은 점유율을 보유할 것으로 추정된다. 그 뒤를 이어 유럽, 아시아가 높은 비중을 차지하고 있는 것으로 보이며 세계 시장 성장세에 따라 시장규모 확대가 예상된다.

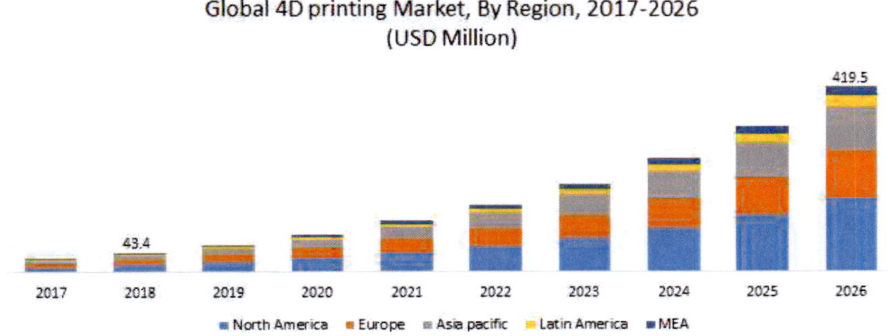

그림 25 4D Printing Market Analysis By Material(2018)

　현재 3D프린팅에 비해 4D프린팅은 대중성과 상업성이 떨어진다. 3D프린팅 인지도는 2012년에 급부상했으며, 동시에 사용자들은 4D프린팅 기술을 탐구하기 시작했다. 3D프린팅은 주로 싱가포르나 홍콩, 호주, 미국, 캐나다 등에서 관심도가 높으며, 3D프린팅 서비스나 하드웨어, 필라멘트 및 모델링 소프트웨어에 관심도가 높은 편이다.

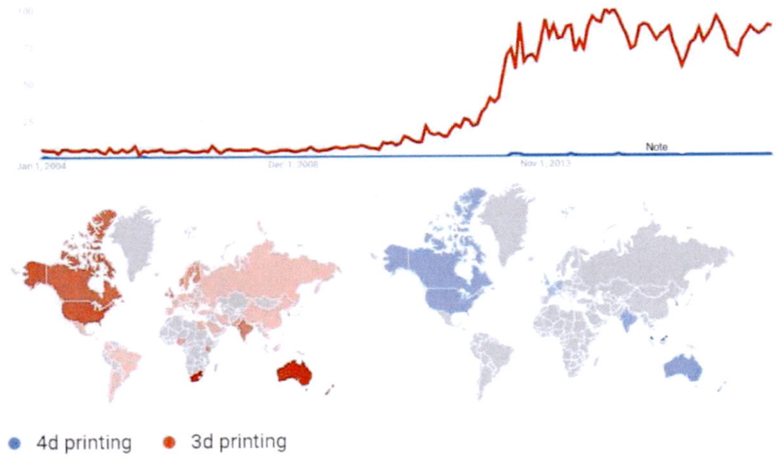

그림 26 3D 및 4D프린팅의 인지도 / 출처: Psychosocial Context of Building a Personal Brand in Social Media(2019)

4D프린팅 기술은 매우 빠르게 발전되고 있다. 구글 동향에 따르면 4D프린팅에 대한 누리꾼들의 관심이 높아졌으며, 3D프린팅에 관심도가 높은 나라에서 4D프린팅 또한 유사한 관심도를 보인 것으로 확인된다. 대표적으로 말레이시아, 싱가포르, 호주, 미국, 캐나다에서 주로 관심을 보이며, 4D프린팅 현상과 정보를 주로 확인했다.

국내 4D프린팅 산업은 아직 관련 지원과 투자가 미미한 수준으로 산업 활성화를 기대하기 어렵다. 정부는 2018년 4D프린팅 개발 사업에 19억 원을 지원했으며, 연구기관인 KIST와 GIST 등에서 4D프린팅에 대한 연구를 진행하고 있다. 4D프린팅의 주요 핵심인 디자인과 소재에 대해 국내 시장은 산업 경쟁력을 갖고 있어 앞으로 장기적인 관점에서 개발 지원 및 투자가 확대될 때 미래 주력 사업으로 확대될 것으로 기대된다.
국내 3D프린팅 시장 규모는 작은 편이며 4D프린팅 시장 또한 작은 수준으로 추정된다. 4D프린팅에 대한 정확한 규모를 확인할 수 있는 자료가 미비하여 3D프린팅 시장을 기반으로 예측하고자 한다. 국내 3D프린팅 시장 규모는 2020년 3,927억 원의 시장 규모로 2019년 대비 약 17% 감소했다. 이는 COVID-19에 따른 투자 감소와 대면 행사 중단 등에 의해 감소한 것으로 보인다. 한편, 3D프린팅 사업체는 0.7% 증가했으며, 종사자 수 또한 2019년 대비 6.6% 증가했다.

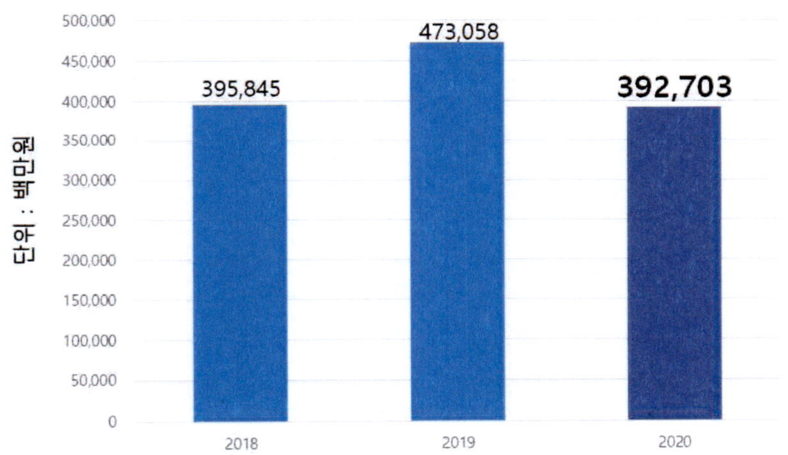

그림 27 국내 3D프린팅 시장규모 / 출처: 국내 3D프린팅 산업 실태조사 (2020)

국내 3D프린팅 기업 연구 및 개발 투자는 소프트웨어 개발 분야가 44.1%로 가장 높게 나타났다. 또한, 소재 제조 시장 분야에서는 필라멘트가 44.5%로 가장 높으며, 금속 소재 시장 또한 점차 증가되는 것으로 보인다.
3D프린팅은 주로 학교나 지자체와 같은 공공 영역에서 매출 비중이 29.7% 가장 높으나, 전년 대비 민간 부분 시장이 확대되었다. 특히 자동차, 의료치과 및 기계 산업에서 많이 활용되고 있으며 향후 관련 분야가 더 확대될 것으로 전망된다.

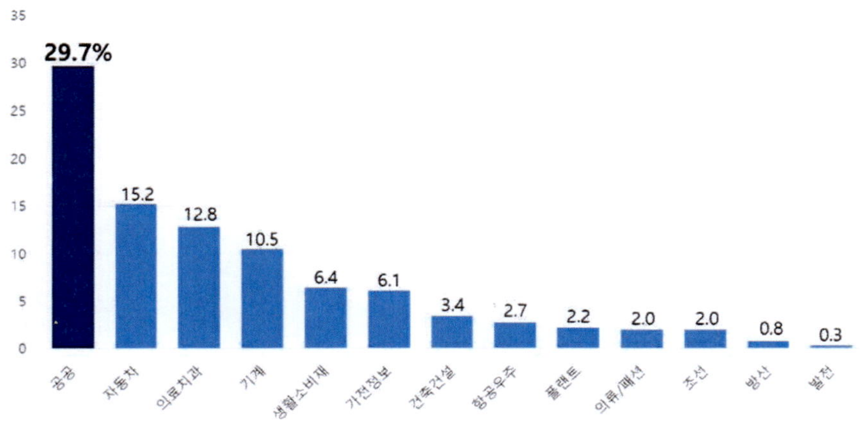

그림 28 국내 3D프린팅 주요 매출 분야 / 출처: 국내 3D프린팅 산업 실태조사 (2020)

세계 4D프린팅 시장을 사용 분야별로 살펴보면 군사 및 방위 산업의 규모가 가장 높고 빠르게 성장할 것으로 조사되며 항공우주 산업, 자동차 산업, 헬스케어 산업 순으로 규모 및 성장성이 높을 것으로 전망된다.

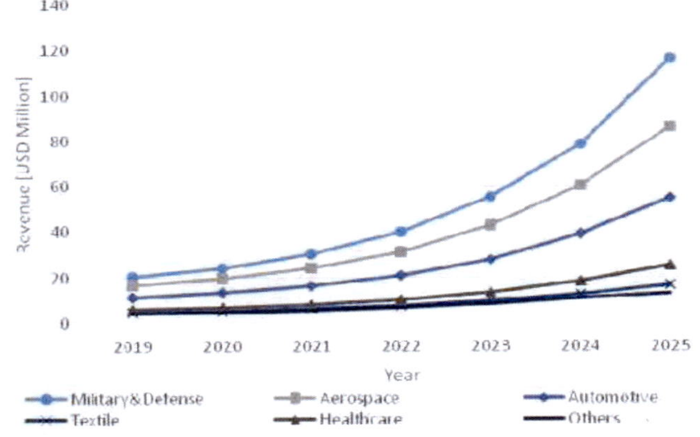

그림 29 사용 분야별 4D프린팅 시장, 2019 / 출처: Psychosocial Context of Building a Personal Brand in Social Media(2019)~2015

4D프린팅 기술을 기반으로 사회시설, 교통수단, 신체요소 등 다양한 산업에 활용되는 기술개발이 수행되고 있다. 폴리머 시트를 활용한 활성 종이접기, 물 흐름 제어를 위한 스마트 밸브, 자체 조립식 의자부터 로봇에 활용되는 근육 개발을 위한 기술까지 다양한 연구 및 프로젝트가 진행되고 있다.

번호	이름	저자 / 개발자	설명
1.	활성 종이접기	Ge et al.	평평한 폴리머 시트로 3D 객체를 조립하는 능동 종이접기 구성요소 설계 및 개발.
2.	스마트 밸브	Bakarich et al.	4D프린팅 기술로 물 흐름 제어를 위한 스마트 밸브 개발.
3.	자체 조립식 의자	Autodesk	편리한 보관과 운송을 위한 자가 조립 의자의 개발.
4.	스마트 파이프	Skylar Tibbits (MIT)	다양한 팽창, 수축, 맥동 가능. 자동차, 건설, 의료 목적으로 사용.
5.	4D프린팅: 태양 전지	MIT/ SUTD	고해상도 다중 재료 모양 메모리 폴리머 아키텍처를 만드는 4D프린팅 접근방식개발
6.	스마트 항공기	MIT/Airbus	열 및 공기 압력 반응 단소 물질 개발. 다른 재료와 병합되며, 다양한 트리거에 반응할 수 있음. 스마트 항공기 제작에 사용됨
7.	접이식 구조물	Lawrence Livermore National Laboratory	스마트 잉크를 사용하여 스스로 접고 펼 수 있는 객체 변경
8.	로봇용 인공근육	Nottingham Trent University	생물의 형태와 움직임을 복제하는 저전력 인공근육의 생성
9.	부드러운 로봇 얼굴 근육	University of Arkansas at Fayetteville	부드러운 로봇 안면근육 개발을 위해 유전체 탄성체 액추에이터(DEA) 사용
10.	암 퇴치 로봇	Autodesk	나노 로봇 – 내부 특정 조건에 따라 자체 조립하거나 변경할 수 있는 장치

*출처: Psychosocial Context of Building a Personal Brand in Social Media(2019)

그림 30 최근 연구 및 샘플 4D프린팅 비즈니스 프로젝트

4. 4D 프린팅 기술동향

4. 4D 프린팅 기술동향

일반적으로 4D 프린팅의 핵심 기술은 자극반응형소재(stimuli-responsive material) 또는 스마트소재(smart material) 설계 기술과 3D 프린팅 가공 기술 등으로 구성된다.

스마트소재의 종류로는 아래와 같다.

전기자극에 반응하는 전도성고분자(conductive polymer), 이온성고분자(ionic polymer), 액정탄성중합체(liquid crystal elastomer), 유전탄성체(dielectric elastomeric actuator), 전기유변유체(electrorheological fluid), 전기전도성복합체(conductive composite)등이 있다.
자기자극에 반응하는 자성유체(ferrofluid), 자기유변유체(magnetorheological fluid), 자성복합체(mag-netic composite)등이 있다.
온도에 반응하는 형상기억고분자(shape memory polymer), 형상기억합금(shape memory alloy), 하이드로젤(hydrogel), 액체금속(liquid metal)등이있다.
빛에 반응하는 아조벤젠기반고분자(azobenzene containing polymer), 내부 유체의 압력에 변형되는 탄성중합체(Elastomer) 등이있다[15]

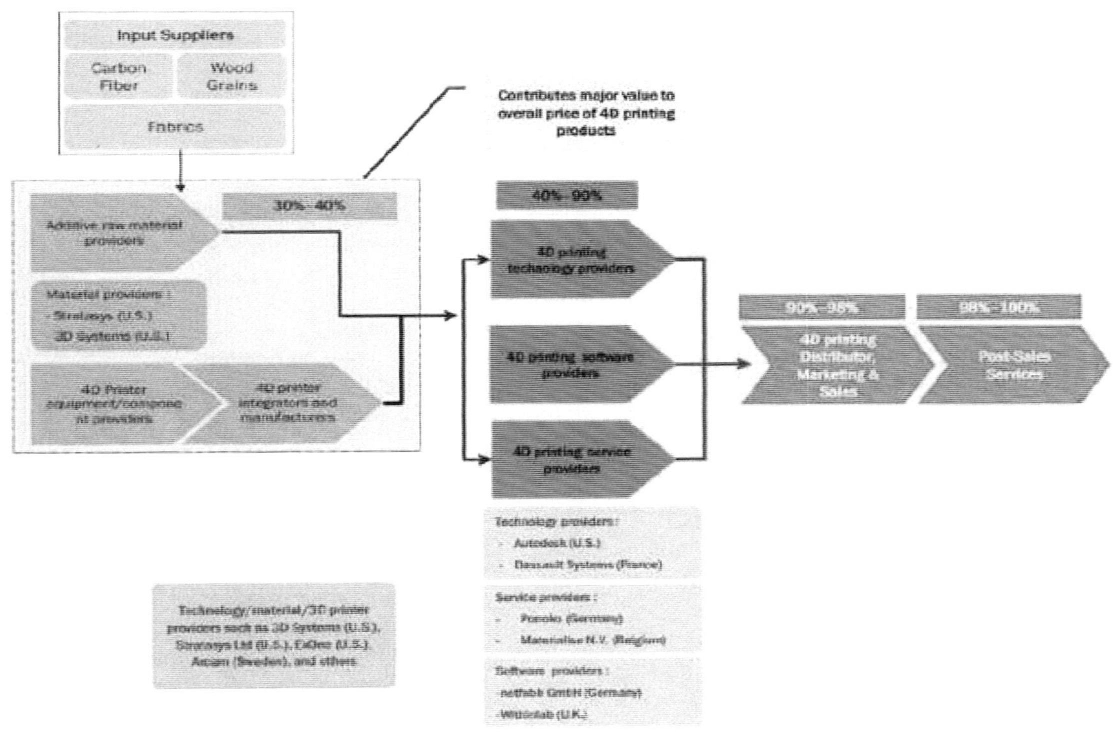

[그림 32] 4D 프린팅 산업의 가치사슬

4D 프린팅 산업의 가치사슬은 최종소비자와 4D 프린터 제조업체, 4D 프린터용 재료 공급업체, 4D 프린팅 설계소프트웨어 업체로 구성된다. 4D 프린팅 최종소비자는 개인고객에서부터 군수 산업, 자동차 산업, 항공기 산업 등의 기업고객까지 다양하다. 4D 프린터 제조업체는

---

15) 4D 프린팅 기술 및 산업 현황 / KOSEN Report 2021

최종소비자가 원하는 4D 프린팅 작업을 수행할 수 있는 4D 프린터를 개발하고 제조해서 판매하는 역할을 담당하며, 대표적인 회사로는 Stratasys(U.S.)가 있다. 4D 프린팅용 재료 제공업체는 4D 프린팅에 사용할 재료를 개발하고 양산하는 역할을 담당하며, 대표적인 회사로는 3D 프린팅 서비스업체인 i.materialise가 있다. 4D 프린팅 설계소프트웨어 제공업체는 Massachusetts Institute of Technology, Hewlett Packard Corporation, Autodesk Inc, Stratasys Ltd, ARC Center of Excellence for Electromaterials Science(ACES), Exone Corporation, Nervous System등이 있다.

가. 4D 프린팅 특허 현황
1) 4D 프린팅 장치와 4D 프린팅을 이용한 특허

1	듀얼 노즐을 사용하는 4D 프린팅 장치
출원인	숭실대학교산학협력단
출원일	2017.05.23
등록일	2018.07.30

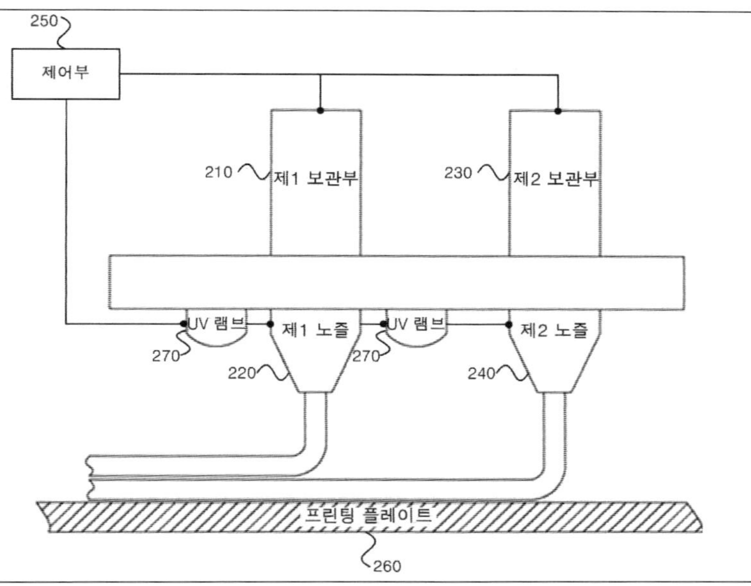

요약

4D 프린팅 장치가 개시된다. 개시된 4D 프린팅 장치는, 3D 프린팅 방식 A을 기초로 제1 재료를 출력하는 제1 노즐; 및 3D 프린팅 방식 B를 기초로 제2 재료를 출력하는 제2 노즐;을 포함한다.

출원인	광주과학기술원
출원일	2015.10.28
등록일	2018.03.28

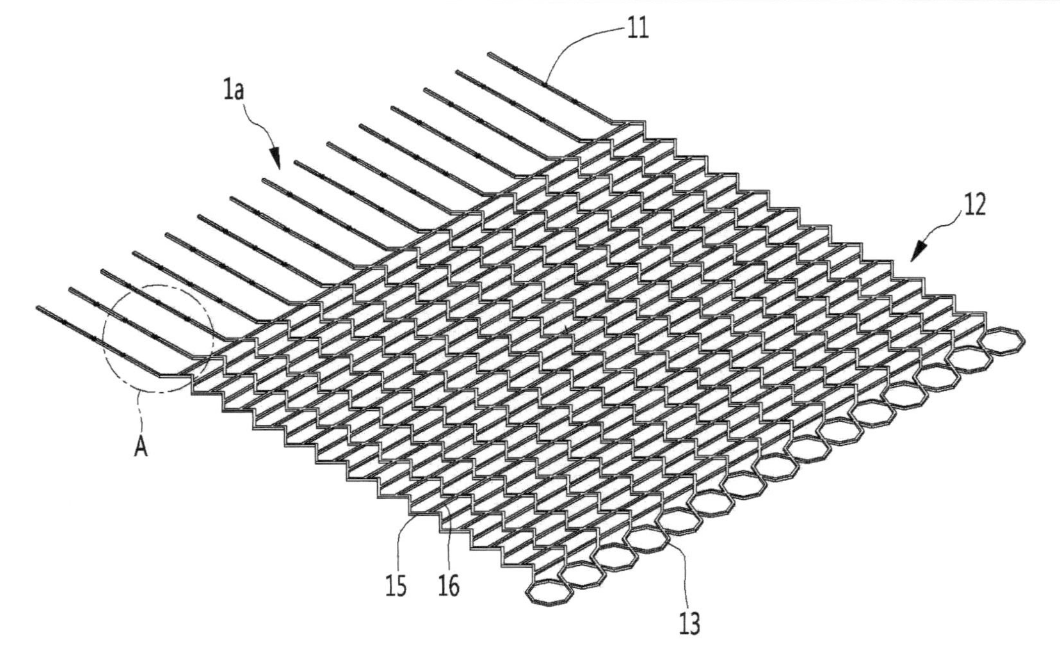

요약

본 발명에 따른 스텐트에는, 말려서 관 형상을 유지하는 몸통부; 상기 몸통부의 일단에 제공되는 제 1 걸림부; 및 상기 몸통부의 타단에 제공되고 상기 제 1 걸림부가 걸려서 지지되는 제 2 걸림부가 포함된다. 본 발명에 따르면, 4D 프린팅 공법에 의해서 스텐트를 제조할 수 있다. 이에 따라서, 자동화된 공정으로 저렴하고, 신속하고, 간단하고 장소의 제약이 없이 스텐트를 제조할 수 있다.

출원인	광주과학기술원
출원일	2016.04.18
등록일	2017.06.14

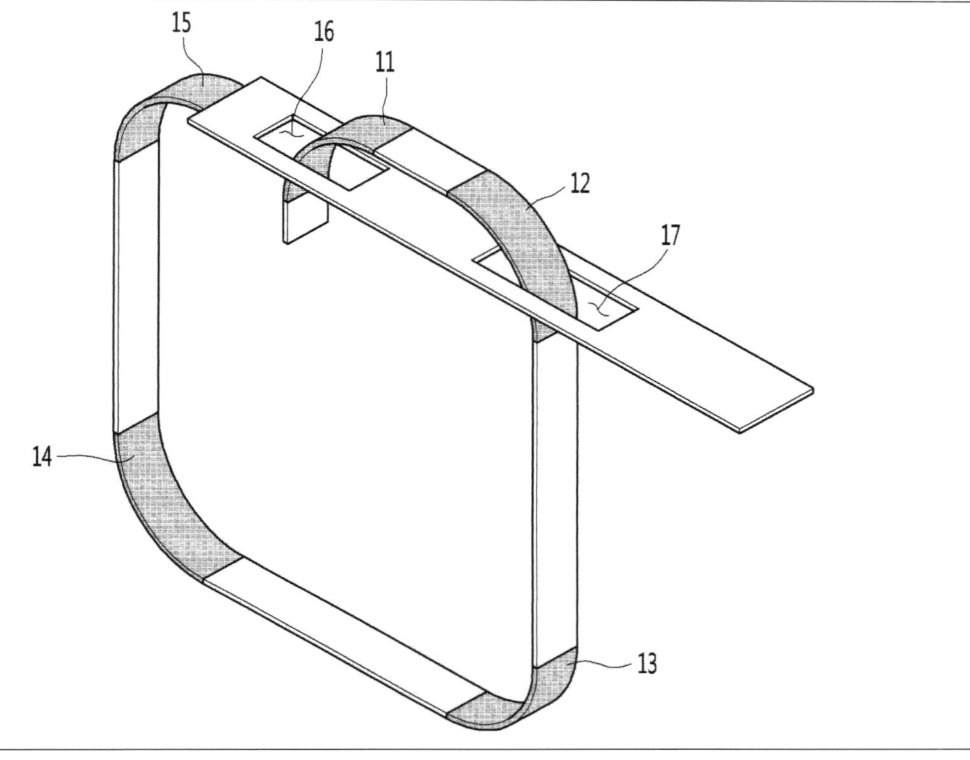

요약

실시예는 시간의 흐름에 따라 구조물의 모양이 변하는 4D 프린팅 어셈블리 구조물로서, 일체형으로 연장 형성되며 4D 프린터로 특정 부분이 변형되도록 디자인된 직선 구조의 프레임 및 상기 프레임 사이사이에 마련되며 시간의 흐름에 따라 변형이 일어나는 복수개의 관절부를 포함하고, 상기 관절부는 서로 상이한 열전도율을 가지도록 설정될 수 있다. 따라서, 4D 프린팅에 적용되는 구조물에 국부적으로 환경을 변화시키지 않고 동일한 열량을 가해주어도 사용자가 원하는 형상으로의 조립 및 변형이 이루어질 수 있다.

출원인   중앙대학교 산학협력단

출원일   2021.08.06

등록일   2023.08.22

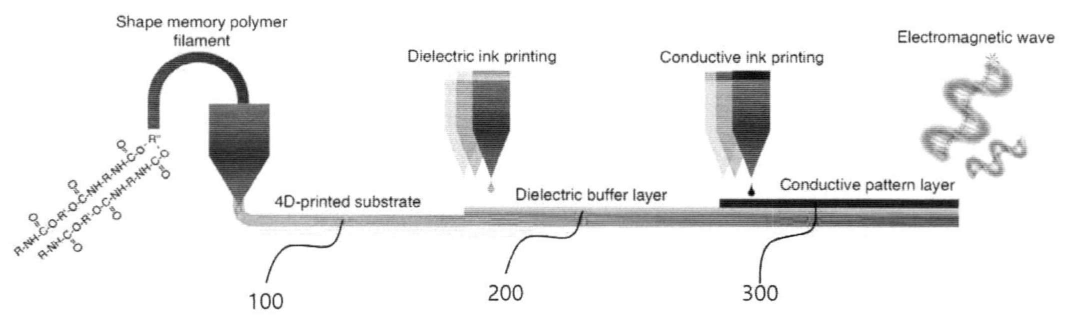

요약

본 명세서는 4D 프린팅을 이용한 마이크로 스트립 라인 및 그의 제조 방법에 관한 것이다. 본 명세서의 일 실시 예에 따른 마이크로 스트립 라인의 제조 방법은 외부 자극을 통해 자가 복구되는 형상 기억 폴리머(SMP)를 기초로 4D 프린팅하여 기판(substrate)을 생성하는 단계, 기판 및 전도층 사이에 구비되며, 상기 전도층의 전기적 특성을 유도하는 유전체 버퍼층(dielectric buffer layer)을 생성하는 단계 및 유전체 버퍼층의 상부에 전류가 흐르는 도체 재질의 상기 전도층(conductive pattern layer)을 실장시키는 단계를 포함한다.

출원인 가톨릭대학교 산학협력단

출원일 2022.04.25

등록일

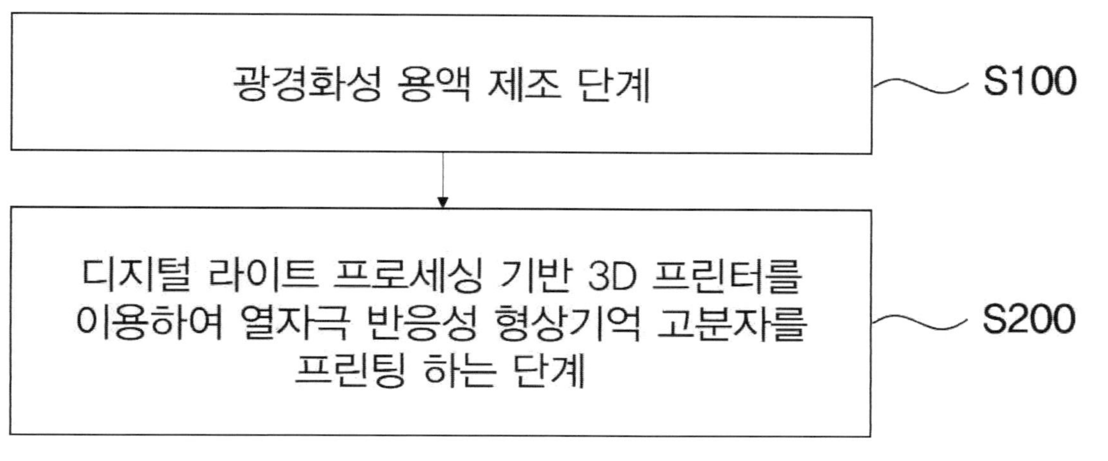

요약

본 발명의 일 실시예는 4D 프린팅 공정을 이용한 열자극 반응성 형상 기억 고분자 및 이의 제조방법을 제공한다. 본 발명의 일 실시예에 따르면, 열자극 반응성 형상 기억 고분자는 4D 프린팅 공정을 이용하므로 용도에 따른 원하는 형태를 효과적으로 제조할 수 있는 효과가 있다.

<table><tr><td>**6**</td><td>**발명의 명칭** 작업대 회동을 통해 곡면 구조물 제작이 가능한 4D 프린팅 장치 및
그 방법</td></tr></table>

출원인   한밭대학교 산학협력단

출원일   2018.11.15

등록일   2020.11.04

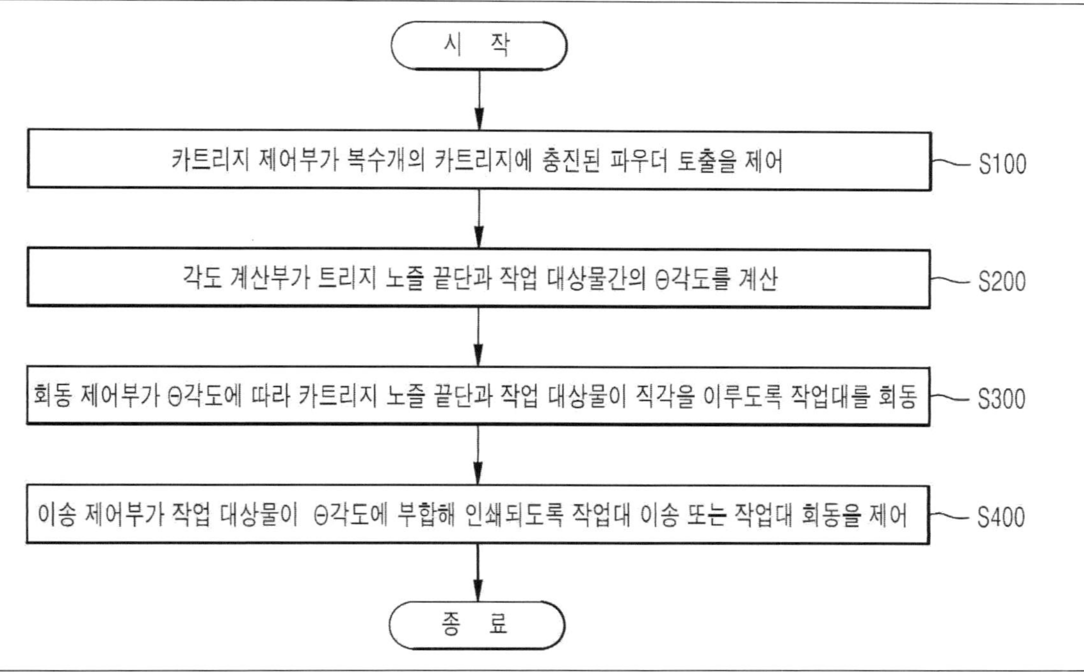

요약

본 발명은 작업대 회동을 통해 곡면 구조물 제작이 가능한 4D 프린팅 장치 및 방법을 개시한다. 보다 구체적으로 본 발명은, 카트리지 제어부가 복수개의 카트리지에 충진된 파우더 토출을 제어하는 (a) 단계; 각도 계산부가 업로드된 작업 대상 이미지를 스캔하고, 카트리지 노즐 끝단과 작업 대상물간의 각도를 계산하는 (b) 단계; 회동제어부가 계산된 각도에 따라 카트리지 노즐 끝단과 작업 대상물이 직각을 이루도록 작업대를 회동시키는 (c) 단계; 및 이송 제어부가 작업 대상물이 계산된 각도에 부합해 인쇄되도록 작업대 이송 또는 작업대 회동을 제어하는 (d) 단계를 포함한다.

이에 본 발명에 따르면, 서로 성격이 다른 이종의 잉크 토출 및 적층함으로써, 점도 특성이 상이한 재료들이 혼재되는 제품 제작을 가능하게 하고, x, y, z축 외에 디스펜서의 각도를 조절하여 작업대를 원하는 각도로 회동시켜 곡면, 경사면 및 직각인 면에 대한 인쇄가 가능하다.

2) 스마트소재
가) 형상기억고분자

| 1 | 광가교가 가능한 형상기억고분자 및 이의 제조방법 |

출원인 연세대 산학협력단

출원일 2017.04.04

등록일 2018.10.02

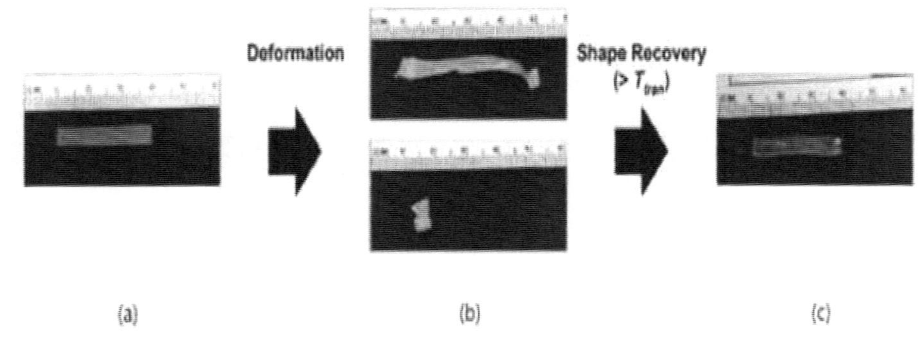

요약

본 발명은 광가교가 가능한 형상기억고분자 및 이의 제조방법에 관한 것이다.

본 발명의 일 실시예에 따른 형상기억 고분자는 광가교가 가능한 기능기를 포함함으로써, 생리의학 응용기구에 적합한 융점을 갖는 형상기억고분자를 제공할 수 있다. 특히, 본 발명의 일 실시예에 따른 형상기억 고분자의 제조방법은 형상기억고분자의 합성시 두 모노머(CL, GMA)의 동시 개환중합을 유도하기 위한 촉매를 사용함으로써, 형상기억 고분자의 합성시간을 단축시킬 수 있는 효과가 있으며, CL과 GMA의 도입량 조절에 따른 다양한 융점을 갖는 형상기억고분자를 용이하게 제조할 수 있는 효과가 있다.

출원인	한양대학교 에리카산학협력단
출원일	2015.08.31
등록일	2018.04.30

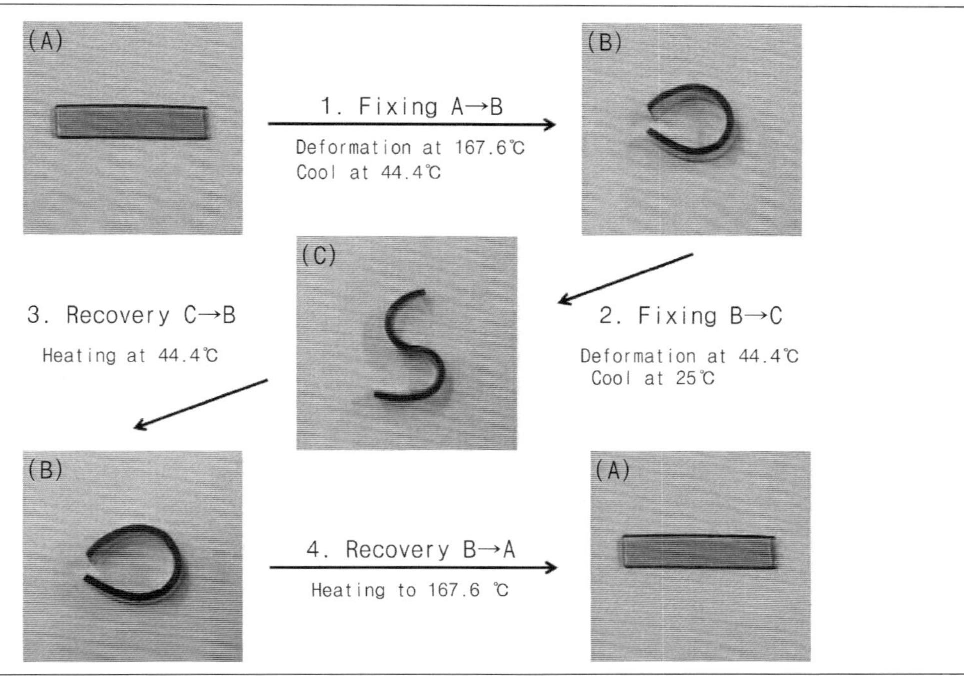

요약

이타콘산(itaconic acid)과 디아민(diamine)으로 바이오매스 유래 피롤리돈기 함유 아미노산(amino acid)을 생성하는 단계, 및 상기 피롤리돈기 함유 아미노산(amino acid)과 상기 α,ω-지방족 아미노산(aliphatic amino acid)을 반응시켜 아래의 [화학식 1]로 도시된 나일론 공중합체(nylon copolymer)를 생성하는 단계를 포함하는 3중 형상기억특성을 갖는 나일론의 제조 방법을 제공한다. 이로 인해, 두 단계에 걸쳐 형상의 변형, 고정, 및 복원이 가능하고, 반응물질의 함량을 조절함으로써, 원하는 수준으로의 형상복원온도 제어가 가능한 3중 형상기억특성을 갖는 바이오 나일론이 제공될 수 있다.

출원인	성균관대학교산학협력단
출원일	2016.08.09
등록일	2018.07.13

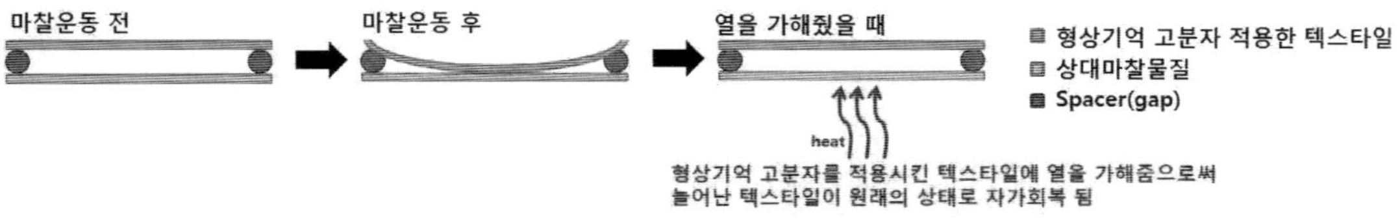

요약

본 발명은 형상 기억 고분자를 이용한 텍스타일 기반의 마찰전기 에너지 발전 소자에 관한 것이다.

본 발명의 제 1 실시예에 따른 형상 기억 고분자를 이용한 텍스타일 기반의 마찰전기 에너지 발전 소자는, 제 1 텍스타일; 및 제 2 텍스타일을 포함하고, 상기 제 1 텍스타일 및 상기 제 2 텍스타일 중 어느 하나 이상은 외부에 형상 기억 고분자가 코팅된 전도성 실(yarn)로 직조되었으며, 상기 제 1 텍스타일 및 상기 제 2 텍스타일이 서로 접촉에 의한 마찰이 가능하도록 이격 배치되고, 상기 제 1 텍스타일 및 상기 제 2 텍스타일의 마찰에 의한 마찰 전기 발생이 가능하며, 상기 텍스타일들 중 외부에 형상 기억 고분자가 코팅된 전도성 실로 직조된 텍스타일에 상기 형상 기억 고분자의 유리 온도 이상의 열을 가해줌으로써 상기 텍스타일이 자가 회복 가능하다.

출원인 주식회사 퓨처바이오웍스

출원일 2017.02.17

등록일 2017.06.12

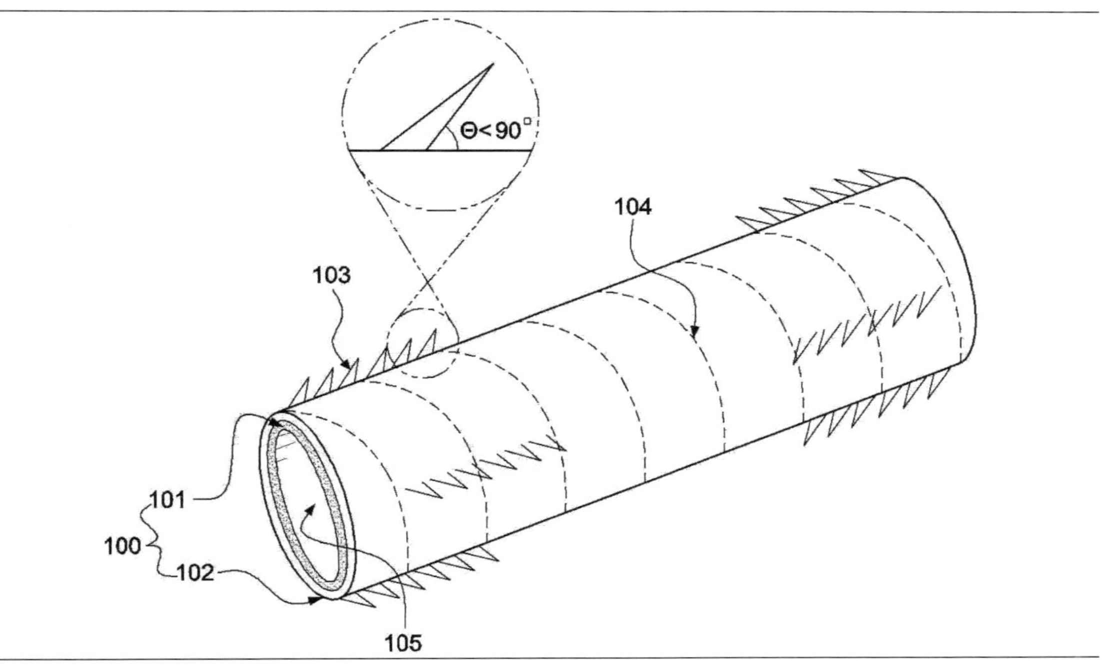

요약

본 발명은 형상기억 고분자 마이크로니들 혈관 문합 장치에 관한 것으로, 더욱 상세하게는 온도 변화 또는 수분 흡수에 의해 형태가 변형되며 인체 내에서 분해되어 흡수가 가능한 생분해성 형상기억 고분자를 이용하여, 절단된 혈관 내에 삽입될 수 있도록 튜브(tube) 형 상으로 형성되되, 혈관 내부로 삽입되는 상기 튜브 형상으로 형성된 몸체 양측의 외주면을 따라 마이크로니들(micro-needle)이 형성되어 있어, 삽입되는 혈관의 내경에 따라 적절한 크기로 변형 가능하며, 혈관 내부에 견고하게 고정되어 절단된 혈관의 단부를 문합할 수 있도록 구성되는 형상기억 고분자 마이크로니들 혈관 문합 장치에 관한 것이다.

출원인	더인터맥스(주)
출원일	2014.07.10
등록일	2016.02.17

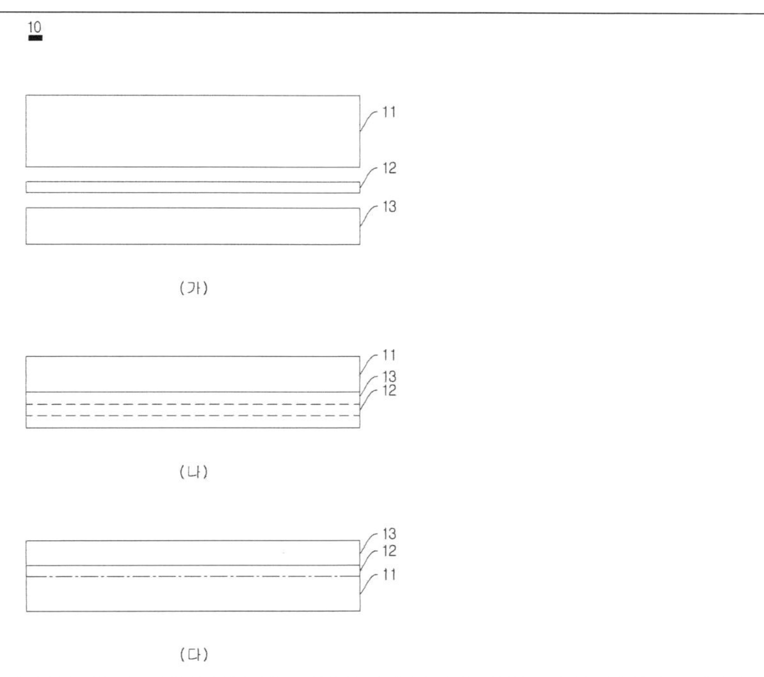

요약

본 발명은 자가 응답 특성 고분자 소재에 의한 능동 제어 섬유에 관한 것이고, 구체적으로 형상 기억 고분자와 같은 자가 응답 특성 고분자 소재에 의하여 외부 기온 변화에 따라 또는 선택에 의하여 능동적으로 섬유의 물리적 특성이 제어될 수 있도록 하는 자가 응답 특성 고분자 소재에 의한 능동 제어 섬유에 관한 것이다. 자가 응답 특성 고분자 소재에 의한 능동 제어 섬유는 기재 층(11); 자가 응답 특성 고분자 소재 및 상기 자가 응답 특성 고분자와 서로 다른 열 변형 특성을 가진 충전 소재로 이루어진 조절 층(13); 및

조절 층(13)의 조절을 위한 조건을 형성하는 제어 층(12)을 포함하고, 상기 제어 층(12)의 조건은 외부 조건의 탐지에 따른 작동 테이블(12)에 의하여 결정된다.

형상 기억 생체 흡수성 고분자 소재를 이용한 의료용 매선로프 제조방법 및 그 제조장치와 그 제품

출원인	정찬희, 정홍우, 박래경
출원일	2014.10.15
등록일	2016.09.02

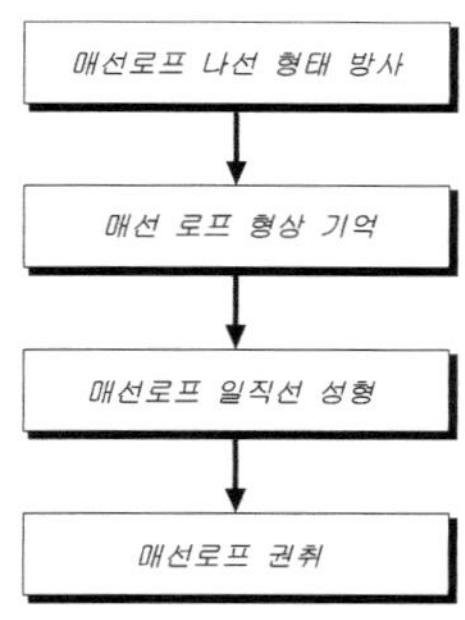

요약

본 발명은 형상 기억 생체 흡수성 고분자 소재를 이용한 의료용 매선로프 제조방법 및 그 제조장치와 그 제품에 관한 것으로서, 형상 기억이 가능한 생체 흡수성 고분자 소재를 용융시켜 방사기(10)를 이용해 노즐헤드(101)에 형성된 방사구(101a) 형상으로 방사하여 매선로프(A)를 성형하는 단계와; 상기 성형 후 형상기억수단(20)을 이용해 나선 형상을 형상 기억시킨 매선로프(A)를 롤로더(30)를 이용해 강제로 당기면서 일직선으로 펴주는 단계와; 상기 일직선으로 펴진 매선로프(A)를 권취수단(40)으로 권취하는 단계를 포함하여 제조방법을 구성하고, 상기 제조방법을 수행하기 위하여 형상 기억이 가능한 생체 흡수성 고분자 소재를 용융시켜 방사하는 방사기(10)와; 매선로프(A)를 냉각하는 냉각수단(20)과; 매선로프(A)를 일직선으로 펴주는 롤로더(30)와; 매선로프(A)를 권취하는 권취수단(40)을 포함하는 제조장치를 구성함으로써 피부조직(S) 내 투입이 용이하고, 피부조직(S) 내 투입 후 형상기억 기능에 의한 형상 복원에 의해 피부조직(S)과의 우수한 결합력과 더욱 향상된 피부조직의 리프팅 효과를 발휘하는 매선로프(A)를 제조할 수 있다.

출원인   단국대학교 산학협력단

출원일   2012.11.26

등록일   2014.10.13

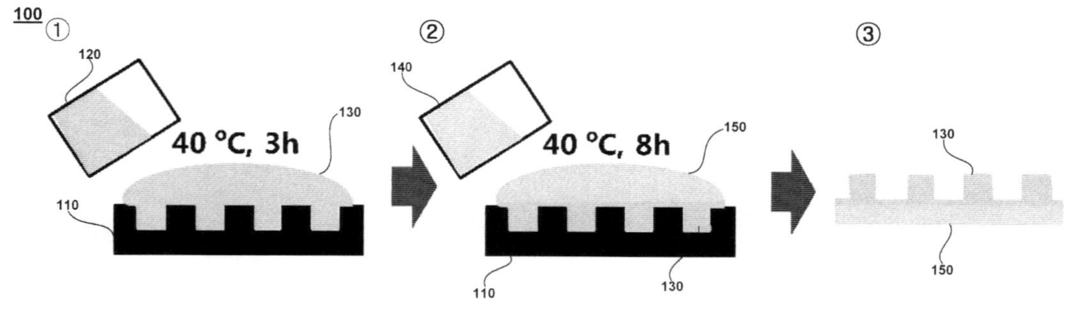

요약

본 발명은 형상 기억 고분자를 포함하는 자가 복원 나노패턴 구조물 및 이의 제조방법에 관한 것으로, 더 자세하게는 형상 기억 고분자 및 풀러렌(fullerene) 혼합용액을 이용하여 캐스팅 나노임프린트 방법을 통해 제조된 열 또는 자외선 흡수를 통해 자가 형상 복원할 수 있는 장기 내구력이 우수한 자가 복원 나노패턴 구조물 및 이의 제조방법에 관한 것이다. 이에 따른, 자가 복원 나노패턴 구조물은 형상 기억 고분자를 포함함으로써 외부 충격에 의해 변형되어도 자가 형상 복원할 수 있어 장기 내구력을 갖는 효과가 있으며, 풀러렌을 포함함으로써 별도의 공정처리 없이 자외선 노출에 의한 자외선 흡수를 통해 자가 형상 복원할 수 있다.

또한, 용매를 이용한 캐스팅 나노임프린팅 방법을 통하여 투명 나노패턴 구조물을 제조할 수 있어, 디스플레이 또는 외장재 등의 산업에 적용할 수 있다.

출원인	서울대학교산학협력단
출원일	2012.12.24
등록일	2014.05.07

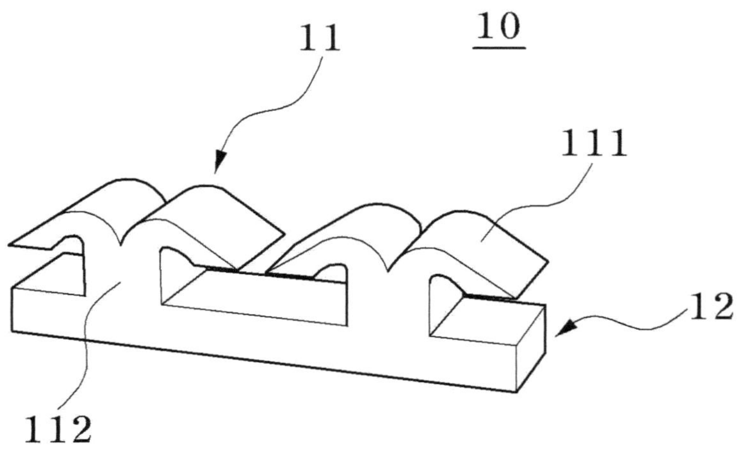

요약

본 발명은 형상기억 고분자를 이용한 결합체 및 이의 제조방법에 관한 것으로서, 형상기억 고분자를 초소형 로봇의 부품을 결합하기 위한 결합요소로 제조하되, 형상기억 고분자의 열 변형을 최소화하고 정밀한 부품 가공을 수행하기 위하여 레이저 가공을 이용해 평판 형상의 형상기억 고분자를 원하는 형상의 결합요소로 용이하게 제조할 수 있는 형상기억 고분자를 이용한 결합체 및 이의 제조방법에 관한 것이다.

출원인　　한국기계연구원

출원일　　2022.03.23

등록일

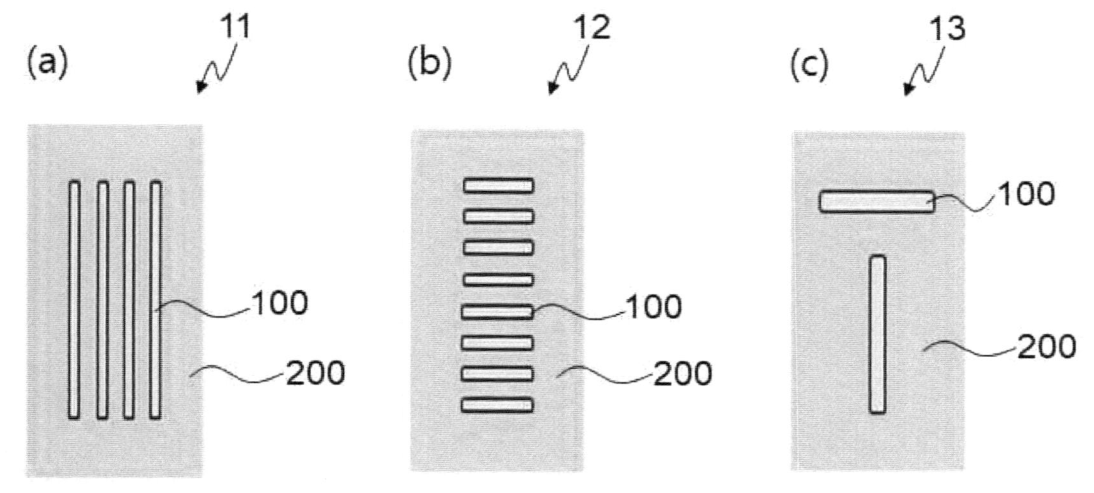

요약

본 발명의 일 실시 예는 유연/신축 전도성 소자(필름) 위에 3D 프린팅 기술 기반으로 투명한 자극가변 소재(프로그래머블 소재)를 적층 및 패터닝하여 원하는 형상으로 외부자극에 대해 스스로 3차원 변형이 가능하게끔 하는 기술을 제공한다. 본 발명의 실시 예에 따른 스마트 소재 미세패턴 적층 프린팅 기반 전자소자는, 전도성 소재로 형성되어 전기 전도성 및 유연성을 구비하는 전도성부; 및 외부의 물리적 자극에 의해 분자 배열이 가변하는 자극가변 소재가 전도성부의 표면에 적층 및 패터닝되어 형성되는 자극가변부를 포함한다.

출원인	국방과학연구소
출원일	2018.02.08
등록일	2018.08.24

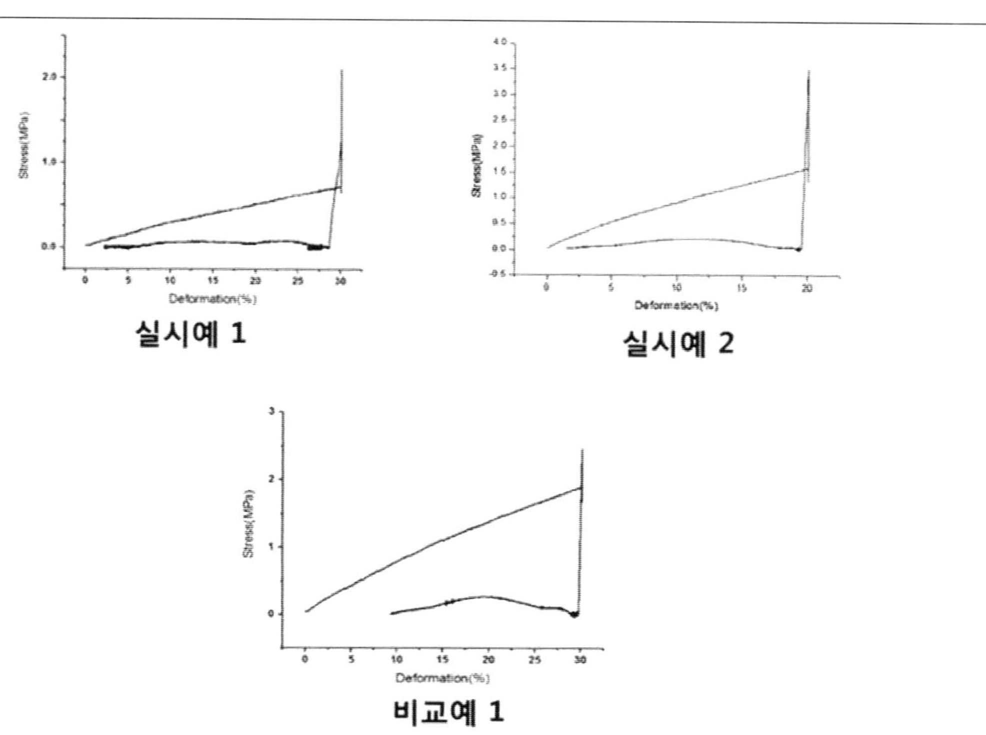

요약

본 발명은, 우레탄 기반의 형상기억고분자 및 이를 포함하는 조성물에 관한 것으로, 아이소시아네이트 및 제1 폴리올의 반응에 의해 형성된 우레탄 프리폴리머; 와 제2 폴리올; 을 반응시켜 형성되는 것이고, 상기 제1 폴리올과 제2 폴리올은, 동일하거나 또는 상이한 것인, 우레탄 기반의 형상기억고분자 및 이를 포함하는 조성물에 관한것이다.

나) 형상기억합금

| 1 | 레이저 기반 적층 제조 공정을 이용한 형상기억합금 및 이의 제조방법 |

출원인　경상국립대학교 산학협력단

출원일　2022.03.25

등록일

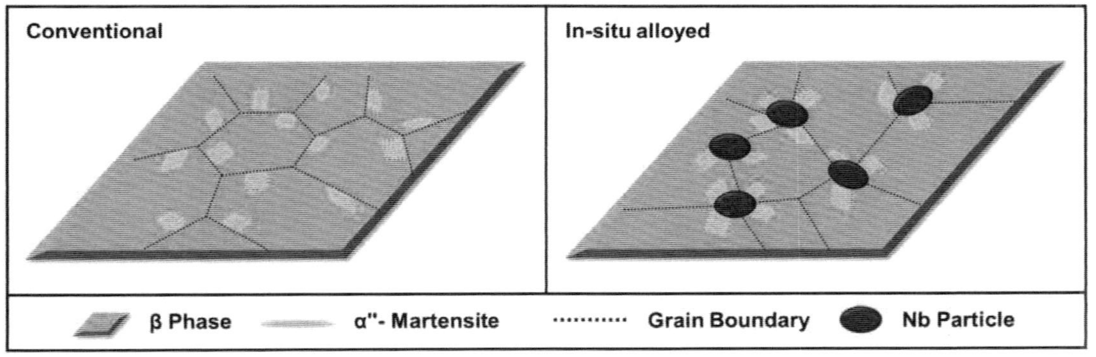

요약

본 발명은 레이저 기반 적층 제조 공정을 이용한 형상기억합금 및 이의 제조방법에 관한 것으로, 보다 구체적으로 금속 혼합분말을 레이저 기반의 적층 제조(additive manufacturing, AM) 공정을 이용하여 개재물을 분산시키고, 기지-개재물 계면 사이에 상변태를 유발시켜 원하는 위치에 형상기억효과가 형성되어 우수한 연성 및 인장강도를 가져 점진적인 변형 유도 가소성(transformation-induced plasticity, TRIP)을 나타내는 레이저 기반 적층 제조 공정을 이용한 형상기억합금 및 이의 제조방법에 관한 것이다.

출원인　　한국기계연구원

출원일　　2016.05.17

등록일　　2018.02.05

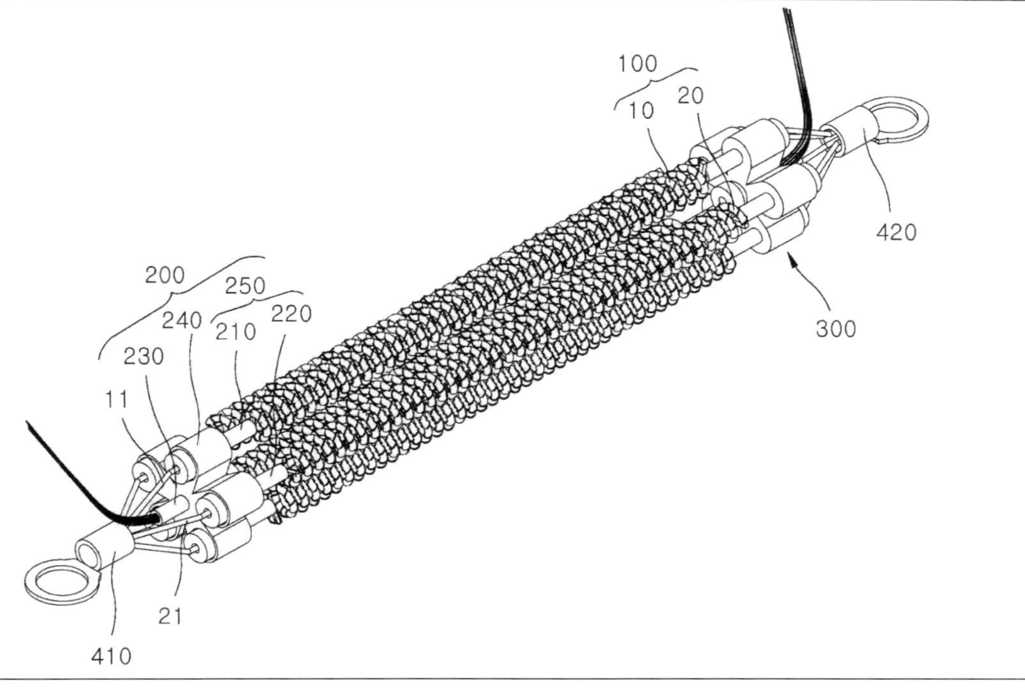

요약

본 발명은 빠른 응답성을 가지고 큰 힘을 낼 수 있으면서도 강성을 향상시킬 수 있는 인공근육모듈, 인공근육모듈의 제작방법 및 인공근육모듈 제어시스템에 관한 것이다.

이를 위해, 본 발명은 열에 반응하면서 형상이 가변되는 제1 형상기억합금 스프링과, 상기 제1 형상기억합금 스프링과 이웃하게 배치되는 제2 형상기억합금 스프링을 갖는 스프링집합체를 포함하며, 상기 제1 형상기억합금 스프링은 형상기억합금 재질로 제작되는 제1 와이어부재와, 상기 제1 와이어부재에 열을 공급하기 위한 제1 저항선과, 상기 제1 와이어부재와 상기 제1 저항선 사이에 배치되어 상기 제1 와이어부재와 상기 제1 저항선을 전기적으로 절연시키는 제1 절연부재를 포함하는 것을 특징으로 하는 인공근육모듈, 인공근육모듈의 제작방법 및 인공근육모듈 제어시스템을 제공한다.

출원인	주식회사 엠아이텍
출원일	2016.08.24
등록일	2018.01.22

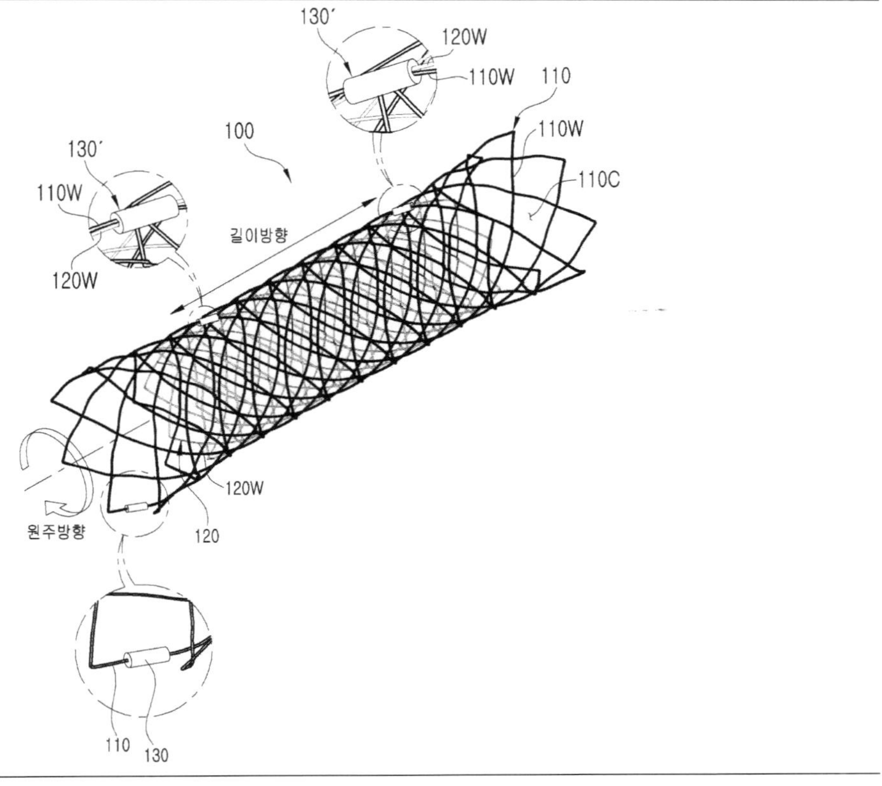

요약

본 발명은 미세공극 내 약물저장형 생분해성 스텐트에 관한 것으로, 형상기억합금 소재의
금속와이어가 지그 상에 특정 패턴으로 엮임으로써, 엮임 구조상의 와이어 교차 형태에 의
해 다수의 셀(Cell)을 구비하며 중공의 통 형상으로 마련되는 제1스텐트 구조체; 및 생분해
성 고분자를 포함하는 인쇄재료를 이용해 3D 프린팅을 수행하여 프린팅 구조상의 와이어
교차 형태에 의해 다수의 셀(Cell)을 구비하며, 표면 전반에 걸쳐 다수의 약물저장용 미세
공극이 형성되며, 중공의 통 형상을 갖추도록 마련되는 3D 인쇄물로서, 상기 제1스텐트
구조체의 외주면을 덮거나 상기 제1스텐트 구조체에 의해 외주면이 덮이도록 설치되는 제
2스텐트 구조체;를 포함하며, 상기 제2스텐트 구조체는 3D 프린팅 후 표면상에 약물 코팅
처리공정을 거쳐 상기 다수의 약물저장용 미세공극 내에 약물이 저장된다.

출원인	주식회사 엠아이텍 연세대학교 산학협력단
출원일	2016.07.01
등록일	2018.01.22

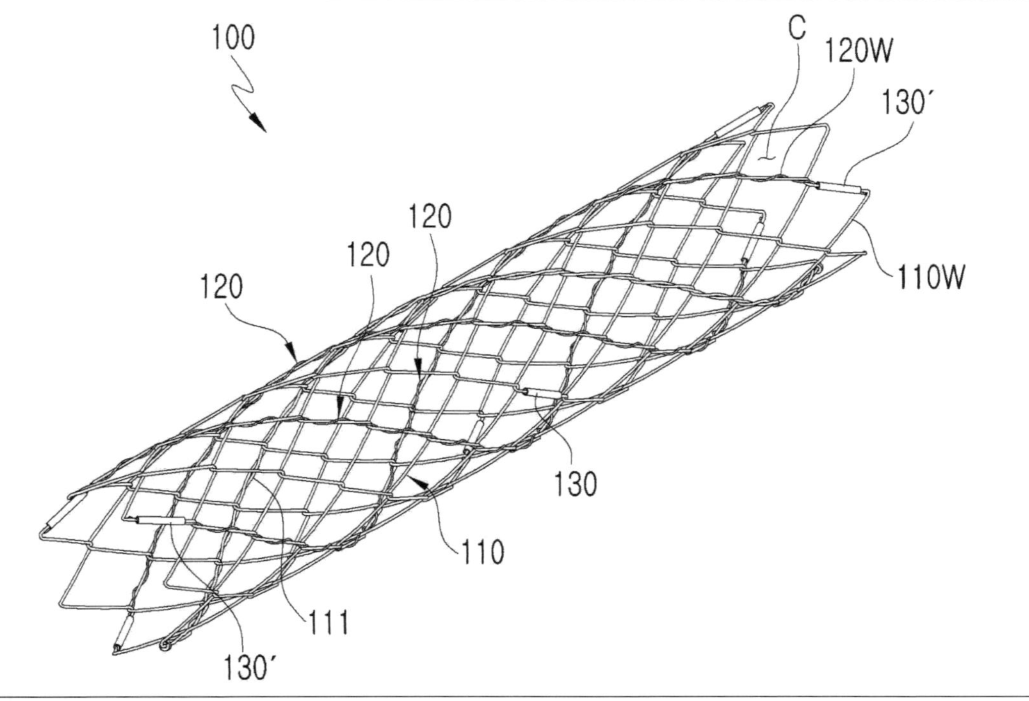

요약

본 발명은 약물 방출형 융합성 스텐트에 관한 것으로, 형상기억합금 소재의 금속와이어가 와이어 간 교차에 의해 다수의 셀(Cell)을 형성하며 중공의 통 형상을 갖추도록 엮임에 따라 마련되는 제1와이어 구조체; 및 상기 제1와이어 구조체를 형성하는 금속와이어의 외주면 상에 생분해성 와이어가 상기 제1와이어 구조체의 일단에서부터 상기 제1와이어 구조체의 타단에 이르기까지 감겨 이동함에 따라 마련되는 적어도 하나 이상의 제2와이어 구조체;를 포함하며, 상기 제2와이어 구조체를 형성하는 생분해성 와이어는, 생분해성 고분자로 이루어지 와이어 몸체; 및 상기 와이어 몸체 외주면 상에 생분해성 고분자 및 약물이 혼합된 혼합물이 코팅 처리되어 마련되는 코팅층;을 포함한다.

출원인　　주식회사 엠아이텍

출원일　　2016.08.24

등록일　　2018.01.18

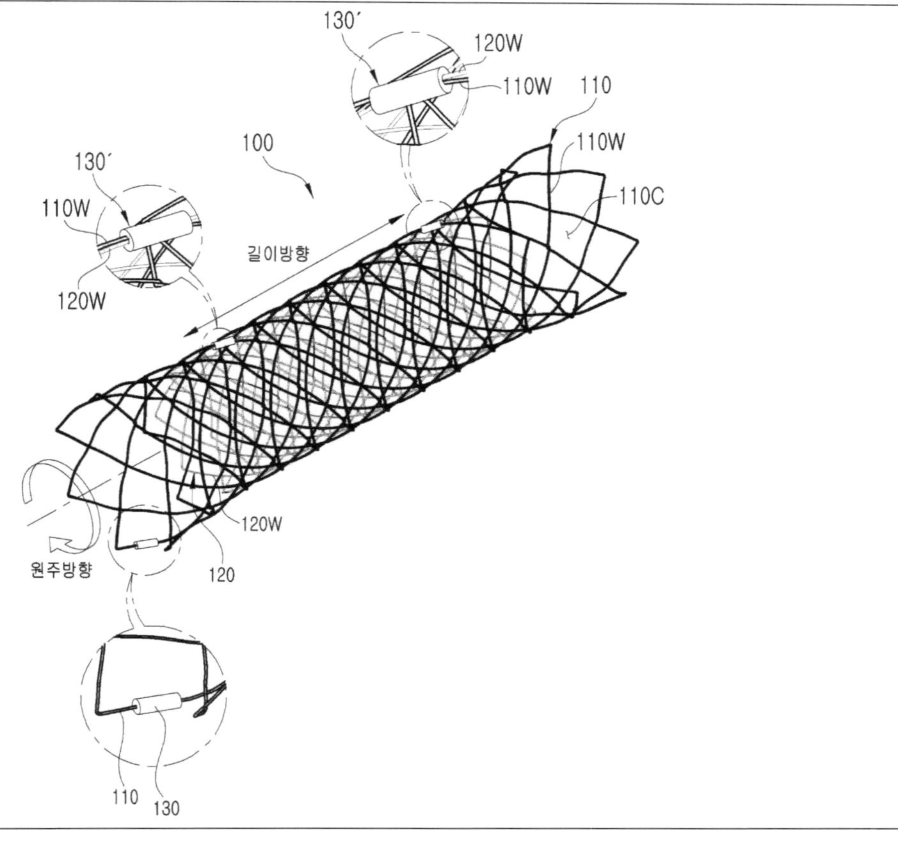

요약

본 발명은 약물방출형 생분해성 스텐트에 관한 것으로, 형상기억합금 소재의 금속와이어가
지그 상에 특정 패턴으로 엮임으로써, 엮임 구조상의 와이어 교차 형태에 의해 다수의 셀
(Cell)을 구비하며 중공의 통 형상으로 마련되는 제1스텐트 구조체; 및 생분해성 고분자 및
약물을 포함하는 인쇄재료를 이용해 3D 프린팅을 수행하여 프린팅 구조상의 와이어 교차
형태에 의해 다수의 셀(Cell)을 구비하며 중공의 통 형상을 갖추도록 마련되는 3D 인쇄물
로서, 상기 제1스텐트 구조체의 외주면을 덮거나 상기 제1스텐트 구조체에 의해 외주면이
덮이도록 설치되는 제2스텐트 구조체;를 포함한다.

 형상기억합금을 이용한 인공근육모듈 및 이를 포함하는 시스템

출원인   한국기계연구원

출원일   2016.05.09

등록일   2018.02.02

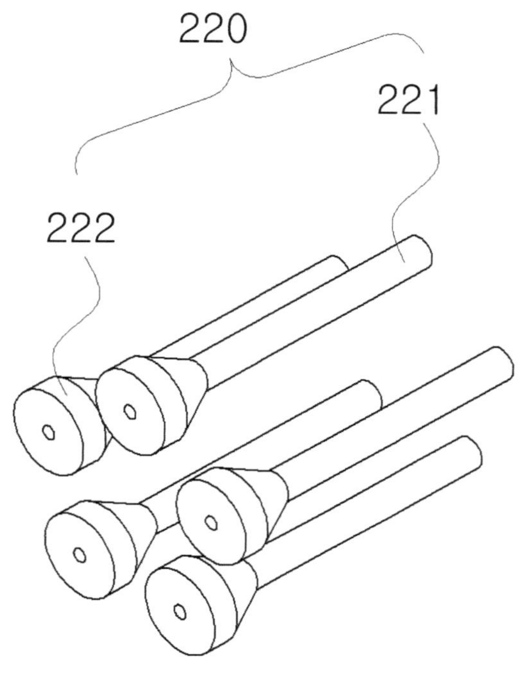

요약

본 발명은 형상기억합금을 이용한 인공근육모듈 및 이를 포함하는 시스템에 관한 것으로, 보다 상세히는 다수개의 형상기억합금부재를 하나의 단위체로 하여 큰 변위를 발휘할 수 있도록 하는 형상기억합금을 이용한 인공근육모듈 및 이를 포함하는 시스템에 관한 것이다.

출원인	한밭대학교 산학협력단
출원일	2016.01.20
등록일	2017.11.30

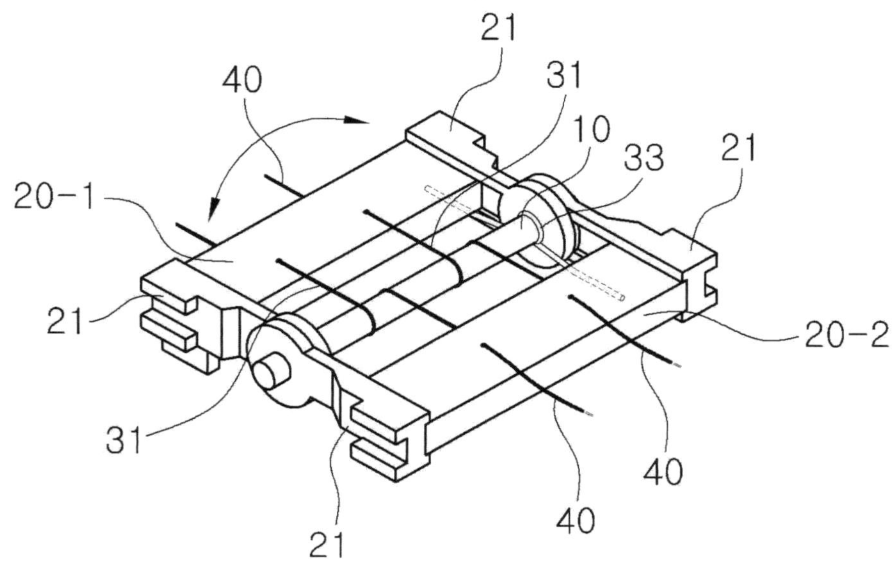

요약

본 발명은 2개의 회전체를 힌지 결합하는 회전축에 서로 반대방향으로 감기면서 양단이 상기 각각의 회전체에 연결되는 형상기억합금 소재의 와이어로 이루어져 외부 온도가 상승함에 따른 수축현상 및 초기로 복구되는 메모리 효과를 이용하여 회전체에 양방향 동력을 발생시키는 액추에이터를 관절마다 적용하여 사람의 손 관절의 움직임과 유사한 동작 특성을 나타내는 형상기억합금 회전 액추에이터를 이용한 로봇 손에 관한 것이다.

형상기억합금 앵커 및 사물인터넷을 이용한 적응형 지반 변형 관리 시스템 및 그 방법

출원인　　홍익대학교 산학협력단

출원일　　2016.03.30

등록일　　2017.04.24

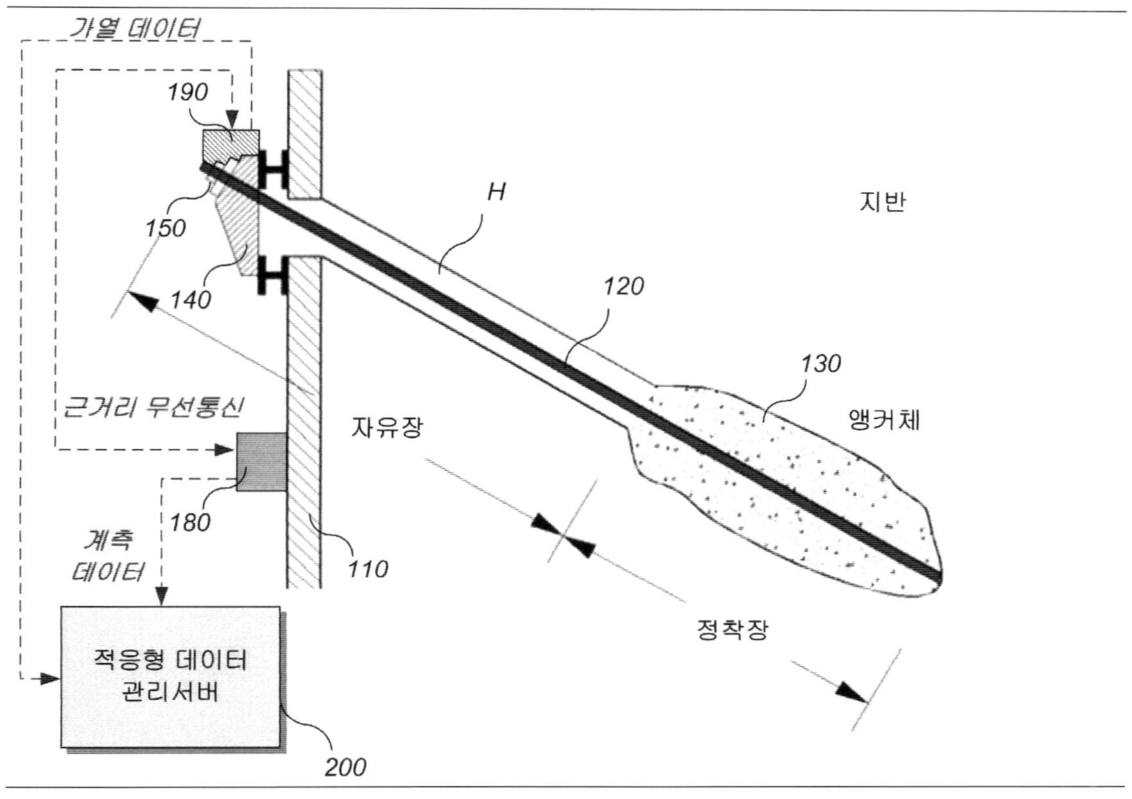

요약

형상기억합금(SMA) 앵커 및 사물인터넷을 이용함으로써, 벽체의 변형을 계측하는 센서와 연동되어 벽체의 변형이 임계값에 도달하면 자동으로 형상기억합금에 열을 가하여 지반의 변형을 적응형으로 시기적절하게 관리할 수 있고, 또한, 형상기억합금을 이용하여 지반보강 앵커에 작용하는 인장력을 증가시킬 수 있고, 굴착 지지 벽체의 변형을 억제함으로써 굴착으로 인한 지반의 변형을 용이하게 억제할 수 있으며, 또한, 신규 굴착공사 현장뿐만 아니라, 영구구조물의 형태로 매립된 앵커의 경우 크립(Creep)과 같은 장기거동으로 인해 인장력이 느슨해진 경우, 가열을 통해 지반보강 앵커의 인장력을 회복시킬 수 있는, 형상기억합금 앵커 및 사물인터넷을 이용한 적응형 지반 변형 관리 시스템 및 그 방법이 제공된다.

출원인 한국기계연구원

출원일 2015.07.13

등록일 2017.02.28

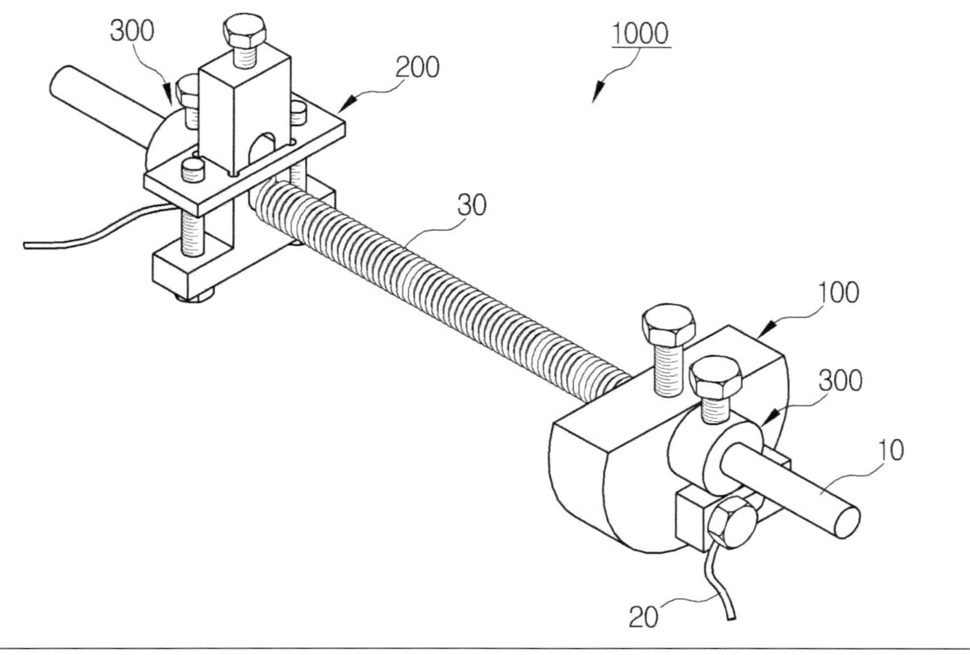

요약

본 발명은 형상기억합금 스프링 제작 장치(1000) 및 방법에 관한 것으로, 상세하게는 단일의 봉(10)에 와이어회전모듈(200), 와이어공급모듈(100) 및 스토퍼모듈(300)이 통과하여 간단한 일체의 구성으로 구비됨에 따라 스프링의 열처리가 용이하며, 다양한 직경의 봉(10) 및 와이어(20)가 적용됨으로써 다양한 형상의 스프링이 하나의 장치로 제작 가능한 효과가 있는 것을 특징으로 하는 형상기억합금 스프링 제작 장치(1000) 및 방법에 관한 것이다.

출원인   인하대학교 산학협력단

출원일   2014.04.16

등록일   2016.06.01

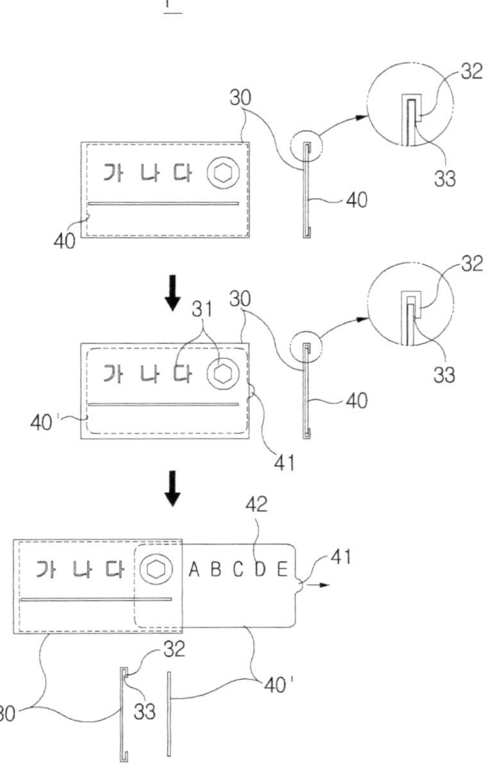

요약

본 발명은 형상기억합금을 직사각형의 얇은 시트 형상으로 절단하여 형성하고, 표면에 문자와 문양, 로고 또는 사진을 인쇄하며 상기 인쇄된 부분은 사용자가 명함을 잡을 때의 온도, 즉 사람의 체온에 의해 돌출되어 입체적으로 보이도록 일정 온도로 열처리하여 형상기억시킨 명함으로서, 형상기억합금은 Ti-Ni계 합금을 이용하고, 상기 Ti-Ni계 합금에서 Ti와 Ni의 중량비를 Ti 48 at.% 이하, Ni 58 at.% 이하로 구성하고 변태온도(Ms)를 330~220K으로 유지하며, 또한 상기 Ni를 Cu로 치환하거나 상기 Ti-Ni에 Nb, V, Cr, Mn, Co, Hf, Zr, Pd, Pt 중 적어도 하나의 원소를 첨가한 형태인 형상기억합금 명함이 제공된다.

출원인   경상국립대학교 산학협력단

출원일   2022.01.07

등록일

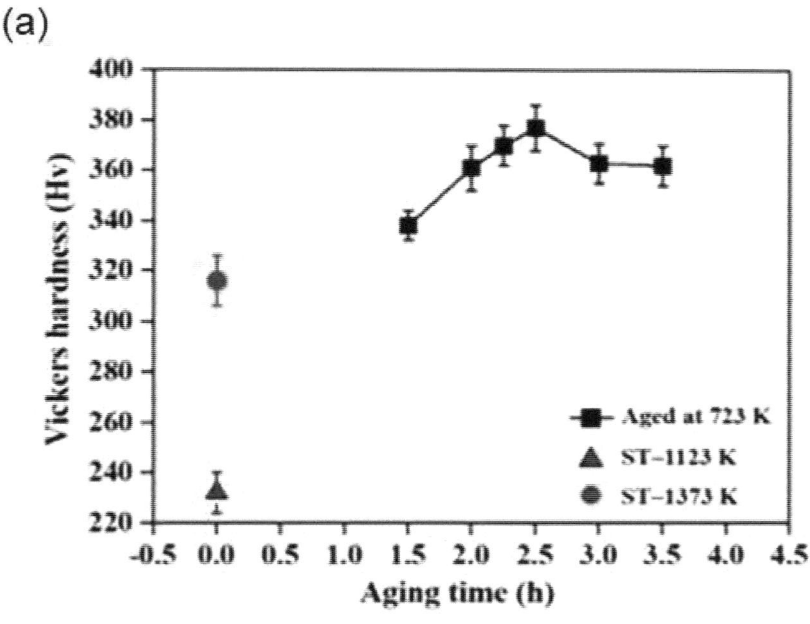

요약

본 발명은 시효처리에 의해 형상기억 및 초탄성 효과가 향상되는 Ti-Ni-Cu계 형상기억합금 및 이를 적합하게 제조하기 위한 제조방법에 관한 것이다.

본 발명의 시효경화된 Ti-Ni-Cu계 형상기억합금, Cu: 12.0 at.% 내지 20.0 at.%, Cu+Ni: 50.5 at%보다 크고 52.0 at.% 이하를 함유하며, 잔부는 Ti 및 불가피한 불순물인 성분 조성을 가지고, 초탄성 회복율이 97% 이상이며, 매트릭스와 코히어런트 계면을 갖는 준안정 C11b형 석출물을 포함하고, 마르텐사이트 변태 중 소성변형이 억제되는 것을 특징으로 한다. 또한, 본 발명의 시효경화된 Ti-Ni-Cu계 형상기억합금은, 순도 99.99 %의 Ti, 99.9 %의 Ni 및 99.99 %의 Cu를 제조하고자 하는 합금의 조성이 되도록 각각 칭량하여 Ar 분위기에서 아크용융하는 단계; 조성 균질성을 위해 6번 재용융하는 단계; 각각의 용융 후에 뒤집는 단계; 얻어진 합금 잉곳을 1123 K에서 열간 압연하여 두께 1.2 mm의 시트로 하는 단계; 시트를 진공(1.5 × 10-5torr) 중에서 용체화처리하는 단계; 얼음물에 담금질하는 단계; 용체화처리한 시트를 진공(1.5 × 10-5torr) 중에서 시효처리하는 단계; 얼음물에 담금질하는 단계; 산화층을 전해연마하여 제거하는 단계에 의하여 제조된다.

다) 압전재료

1	압전성 섬유사, 이의 제조방법 및 이를 이용한 직물, 의류 제품 및 피복형 압전 센서

출원인	한국생산기술연구원
출원일	2014.10.30
등록일	2018.01.03

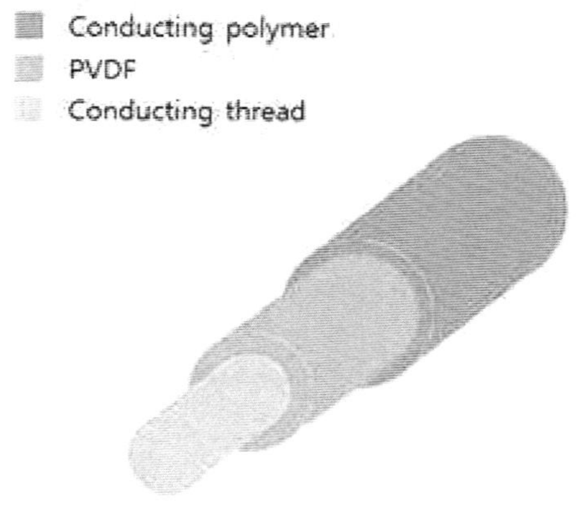

요약

본 발명은 압전성 섬유사, 이의 제조방법 및 이를 이용한 직물, 의류 제품 및 피복형 압전 센서에 관한 것으로, 더욱 상세하게는 코어 전도성 섬유사; 상기 코어 전도성 섬유사의 표면에 코팅된 압전재료층; 및 상기 압전재료층의 표면에 코팅된 전도성 고분자층을 포함함으로써 전극을 부착하지 않고도 섬유 재질 자체를 신호 검지용으로 사용할 수 있는 압전성 섬유사, 이의 제조방법 및 이를 이용한 직물, 의류 제품 및 피복형 압전 센서에 관한 것이다.

출원인　연세대학교 산학협력단

출원일　2016.09.07

등록일　2018.05.23

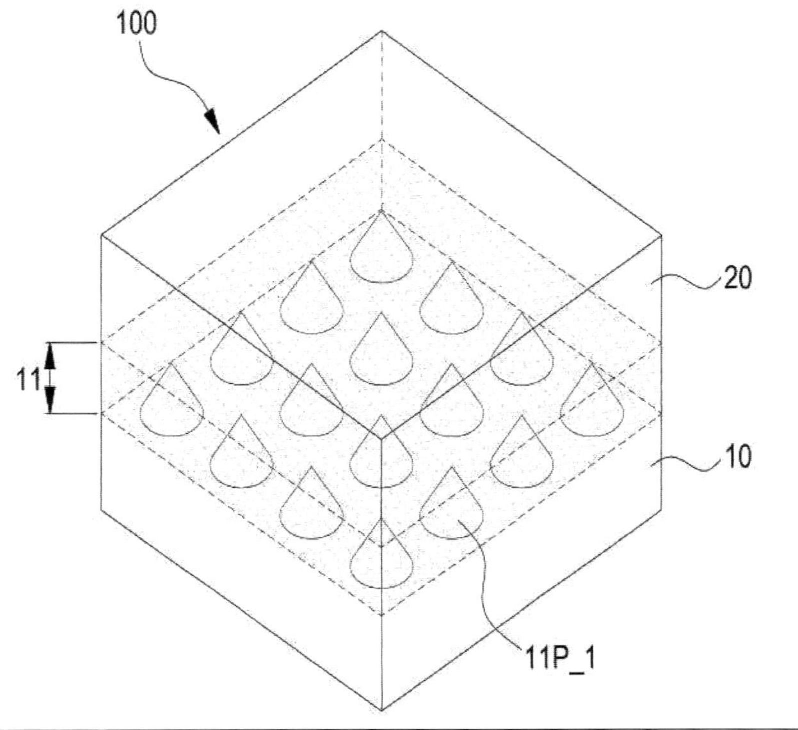

요약

본 발명은 압전 소자 및 이의 제조 방법에 관해 개시되어 있다. 본 발명의 일 실시예에 따른 압전 소자는 기판 상의 3 차원 구조의 패턴 표면 층을 포함하는 기판; 및 상기 패턴 표면 층 상에 형성된 압전 재료 층을 포함할 수 있다.

출원인	한국세라믹기술원
출원일	2016.07.27
등록일	2018.03.19

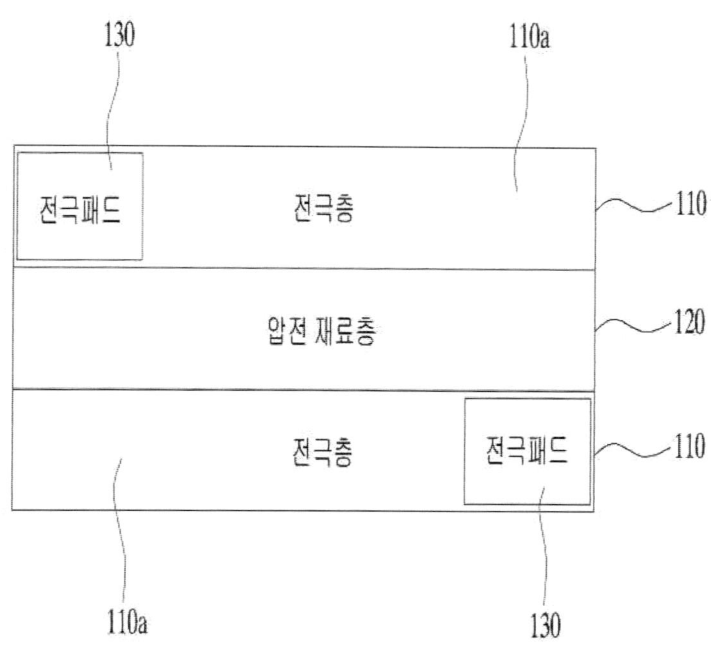

요약

본 발명에서는 적층형 압전 소자가 개시된다. 상기 압전 소자는 적어도 하나의 압전 재료층; 상기 압전 재료층의 상면 및 하면에 적층되는 적어도 두 개의 전극층; 및 상기 각각의 전극층의 동일한 면에 위치한 일측으로부터 연장된 전극패드를 포함한다. 이러한 압전 소자를 이용하면, 압전 소자의 분극만을 위한 별도의 전극이 필요 없으며, 이에 의해 압전 소자의 제작이 쉬워지고, 분극 전압 및 구동 전압을 인가하는 과정이 용이해질 수 있는 이점이 있다.

본 발명에 따른 압전 소자는 액츄에이터(actuator), 센서 또는 에너지 하베스터 등에 적용될 수 있다.

출원인	한국과학기술원
출원일	2016.01.13
등록일	2017.07.19

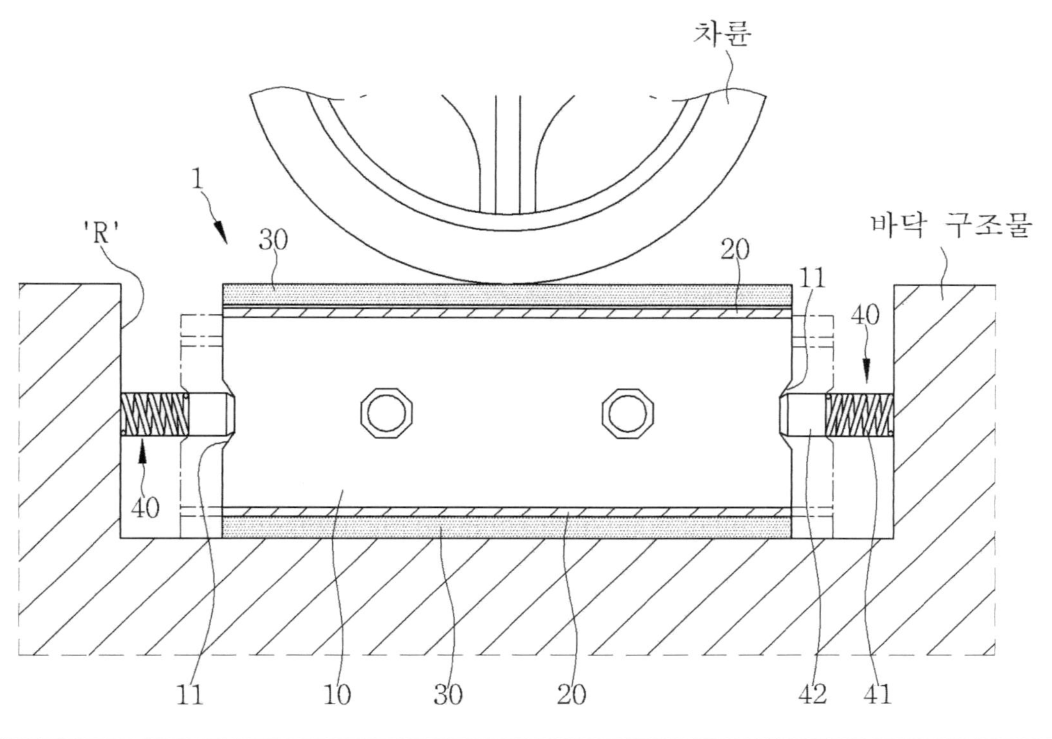

요약

본 발명은 압전재료를 폴리머 수지에 균일하게 분산시킬 수 있고, 압전효과의 시상수(time constant)를 향상시켜 고효율의 에너지 변환 성능을 얻을 수 있는 압전복합체를 이용한 에너지 변환장치 및 그 제조방법에 관한 것으로, 본 발명에 따른 에너지 변환장치는, 폴리머 수지, 압전재료 분말, 희석제, 탄소나노재료, 전도성 금속분말을 혼합한 압전복합체와; 상기 압전복합체의 상부면과 하부면에 적층되는 절연층과; 상기 압전복합체의 상부면 및 하부면과 상기 각각의 절연층 사이에 설치되어 외부의 전기장치와 전기적으로 연결되는 전극을 포함하는 것을 특징으로 한다.

출원인	한국세라믹기술원
출원일	2015.12.30
등록일	2017.07.28

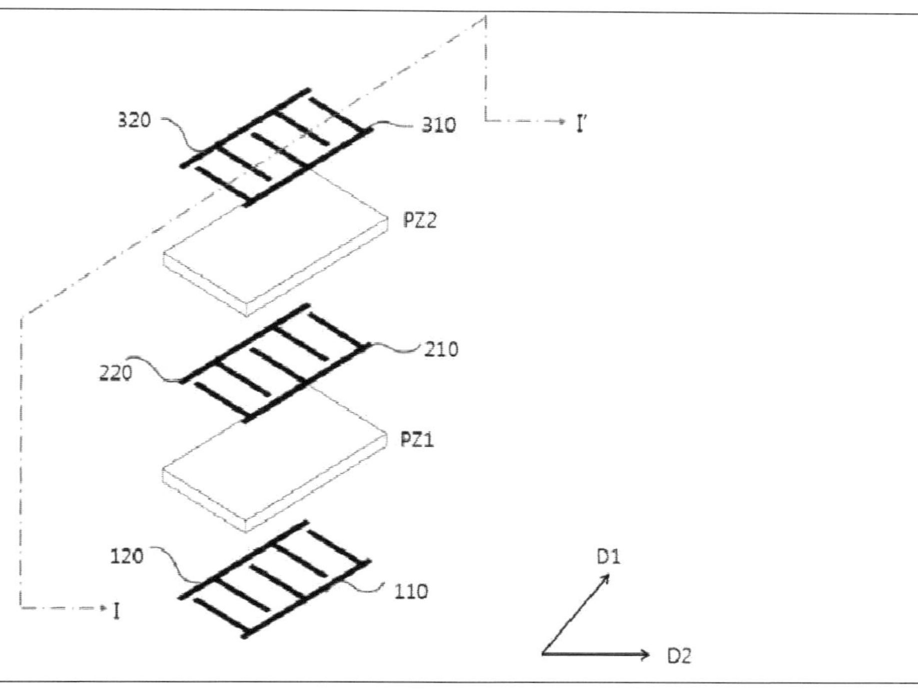

요약

본 발명은 압전 재료 시트 적층 구조체에 관한 것이고, 또한 이를 이용한 압전 스피커에 관한 것이며, 이러한 압전 스피커를 구동하기 위한 방법에 관한 것이다.

본 발명의 일 실시예에 따른 압전 재료 시트 적층 구조체를 이용한 스피커는 두 개의 압전 재료 시트가 서로 위아래로 겹쳐 있고, 상기 두 개의 압전 재료 시트의 윗면, 아랫면, 그리고 사이면에 전극 패턴들이 배치되며, 상기 두 개의 압전 재료 시트의 윗면 또는 아랫면에 진동판이 배치되고, 상기 전극 패턴들은 제 1 전극 패턴 및 제 2 전극 패턴으로 이루어져 있으며, 상기 제 1 전극 패턴 및 제 2 전극 패턴은 전기적으로 절연되어 있고, 각각 서로 맞물리는(interdigitated) 전극 패턴을 형성하는 복수의 전극을 포함하고, 상기 전극 패턴들은 상하 방향으로 서로 동일한 형태로 투영되도록 배치되며, 상기 두 압전 재료 시트의 압전 활성 영역의 분극 방향은 서로 반대이다. 특히, 본 발명에 따른 압전 재료 시트 적층 구조체 및 이를 이용한 압전 스피커는 웨어러블 장치나 자동차, 액츄에이터 (actuator) 등에 적용될 수 있다.

출원인 캐논 가부시끼가이샤

출원일 2014.01.28

등록일 2016.06.21

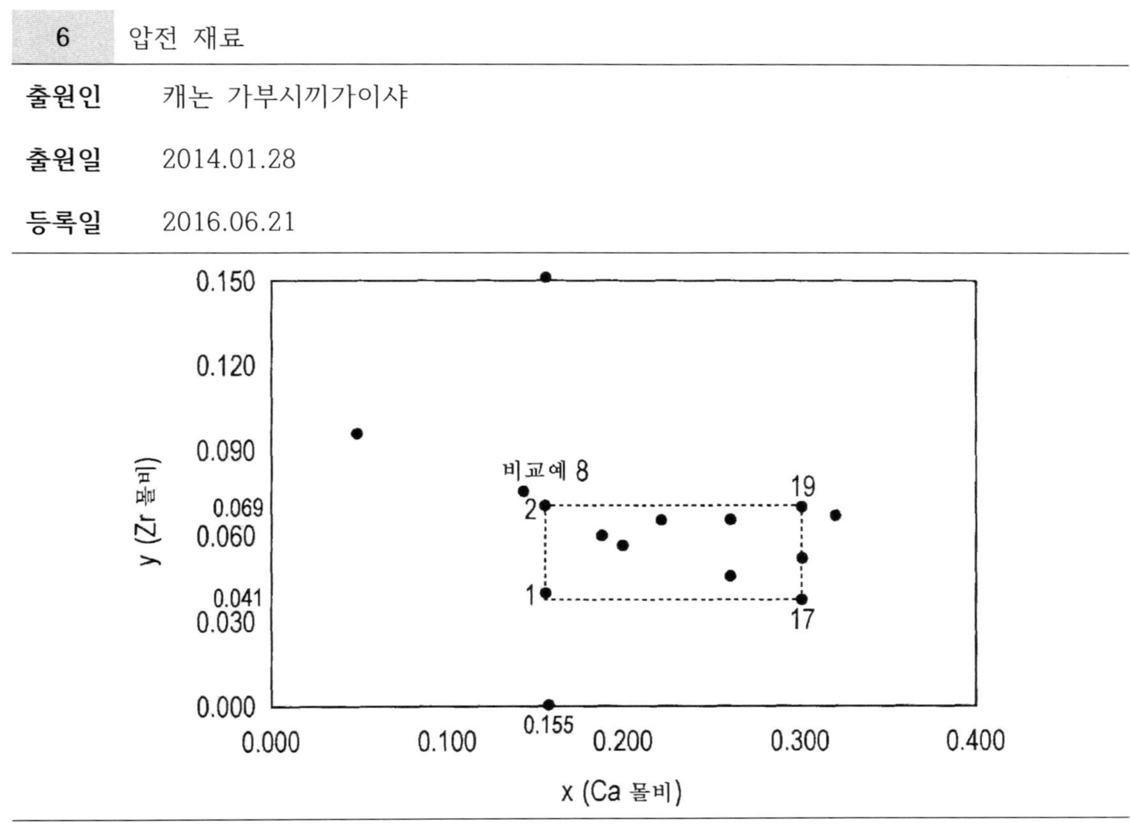

요약

넓은 동작 온도 범위에서 안정적이고 양호한 압전 정수 및 기계적 품질 계수를 가지는 무연 압전 재료를 제공한다. 압전 재료는 주성분으로서 (Ba1-xCax)a(Ti1-yZry)O3 (1.00≤a ≤1.01, 0.155≤x≤0.300, 0.041≤y≤0.069)로 나타나는 페로브스카이트형 금속 산화물과, 상기 페로브스카이트형 금속 산화물에 함유된 Mn을 포함한다. 상기 페로브스카이트형 금속 산화물 100 중량부에 대한 Mn 함량은 금속 환산으로 0.12 중량부 이상 0.40 중량부 이하이다.

 폴리비닐리덴 플루오라이드 및 부분술폰화 폴리아릴렌계 고분자의 혼합용액을 전기방사하여 제조되는 압전센서 및 나노발전 기능을 갖는 새로운 나노섬유 웹

출원인　　경희대학교 산학협력단

출원일　　2013.11.22

등록일　　2015.07.29

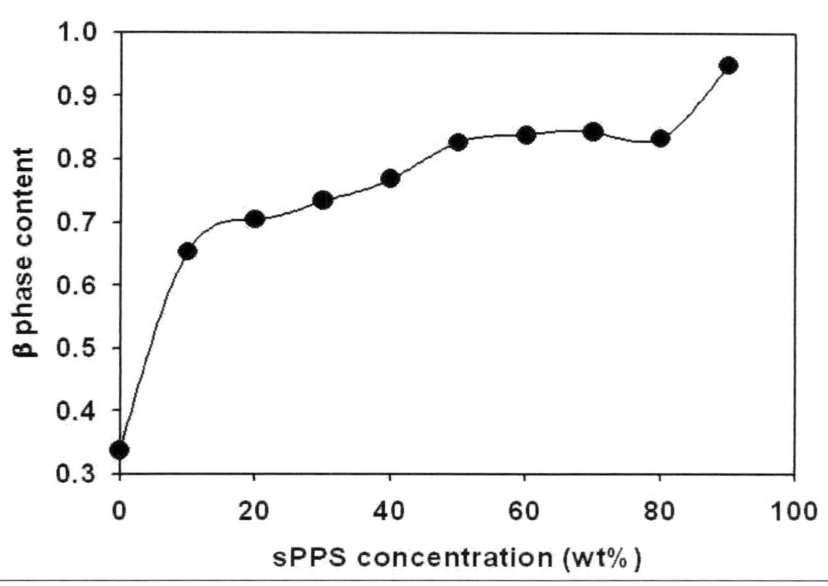

요약

본 발명은 PVDF와 부분 술폰화 PPS의 혼합용액을 전기방사하여 제조되는 압전센서 및 나노발전 기능을 갖는 새로운 나노섬유 웹에 관한 것으로, 구체적으로 폴리비닐리덴 플루오라이드[Poly(vinylidene difluoride)] 및 부분 술폰화된 폴리페닐렌술파이드[Poly(phenylene sulfide)]를 용매에 용해하고 이를 전기방사하여 압전성을 갖는 나노섬유 웹을 제조하는 방법에 관한 것이다.

본 발명에 따르면, 고비용의 재료를 사용하며 연신 및 고전압 처리가 별도로 필요한 기존 고분자 압전재료의 제조방법과는 달리 저비용의 재료를 사용하면서도 용매를 사용한 전기방사 만으로 우수한 압전성을 갖는 나노섬유 웹 형태의 압전재료를 제조할 수 있다. 또한, 본 발명에 따라 제조된 압전재료는 전기신호가 직류로 출력되기 때문에 제너레이터나 압전센서로 사용할 경우 별도의 정류장치를 필요로하지 않는다는 장점도 있다.

| **8** | 고분자 압전 재료 및 그 제조 방법 |

출원인   미쓰이 가가쿠 가부시키가이샤

출원일   2012.12.12

등록일   2015.01.27

No Image

요약

본 발명에서는, 중량 평균 분자량이 5만 내지 100만인 광학 활성을 갖는 나선형 키랄 고분자를 포함하고, DSC법으로 얻어지는 결정화도가 20% 내지 80%이며, 또한 마이크로파 투과형 분자 배향계로 측정되는 기준 두께를 50㎛로 했을 때의 규격화 분자 배향 MORc와 상기 결정화도의 곱이 25 내지 250인 고분자 압전 재료가 제공된다.

출원인   국방과학연구소

출원일   2012.12.18

등록일   2014.07.01

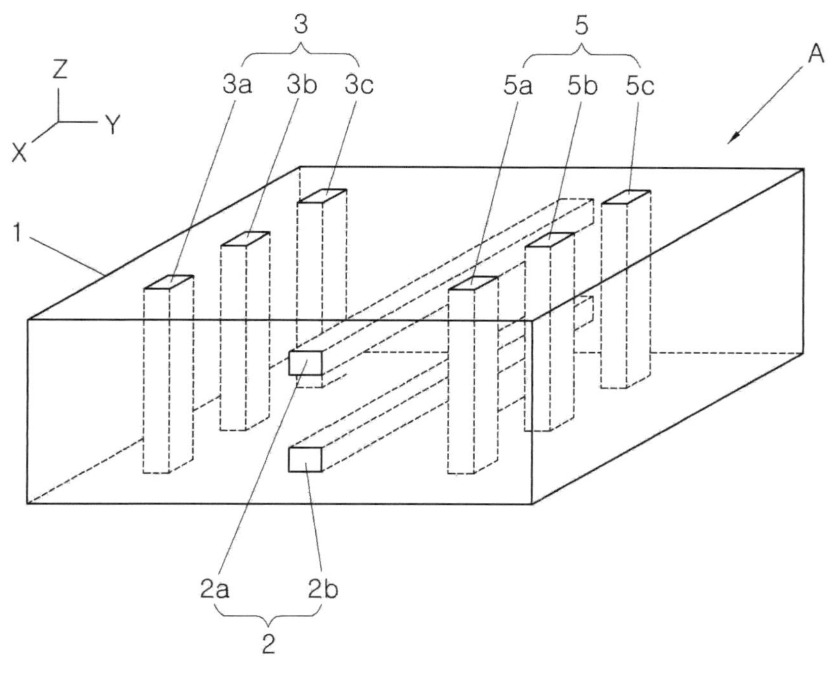

요약

본 발명의 압전 섬유 복합재료 구조체에는 XYZ좌표계를 기준으로 할 때, 적어도 2축으로 각각 압전 섬유가 배열되고, 상기 2축중 1개의 축에서는 XYZ좌표계의 수직성분인 Z축에 작용하는 외부 힘이 검출되며, 상기 2축중 다른 1개의 축에서는 XYZ좌표계의 수평성분인 X좌표나 Y좌표에 각각 작용하는 외부 힘이 검출되고, 상기 압전 섬유는 외부환경으로부터 내부를 보호하는 보호기지체(1,10,20)가 감싸도록 구성됨으로써 적어도 2축에 각각 작용하는 접지압 및 지면 마찰력이 동시에 검출될 수 있고, 특히 적어도 2축에 대해 압전 섬유의 배열 방향이 다양한 방식으로 최적화됨으로써 각각 측정되어진 힘에 대한 정밀도와 신뢰도가 크게 향상되는 특징을 갖는다.

라) 자왜재료

1	자기전기 복합체

출원인	한국기계연구원
출원일	2012.03.22
등록일	2013.09.02

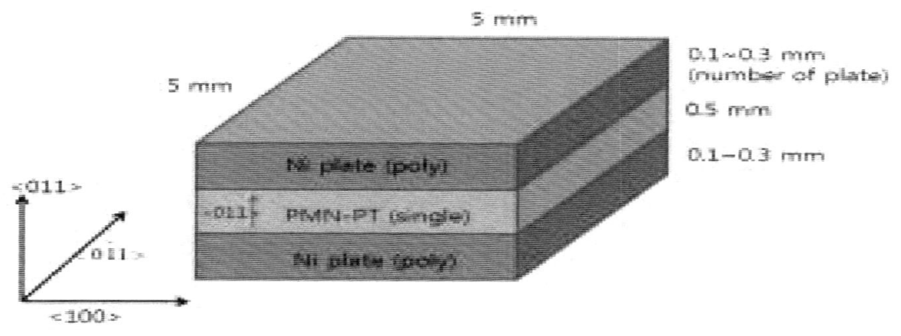

요약

본 발명은 압전 재료 와 자왜재료를 복합화 하여 재작되는 Magnetoelectric (ME)복합체에서 압전 재료로서는 높은 압전 특성을 가지는 압전 단결정 재료를 사용하고, 자왜재료로서는 높은 자왜 특성을 가지는 금속 자왜재료를 사용하여, 접착에 의한 층상구조의 ME 복합체를 구현할 수 있다.

이때, 압전 단결정 재료의 결정방향을 <011>의 결정방향이 두께방향으로 되도록 가공하여 ME 층상 복합체를 제조하면 기존의 <001>결정 방향에 대비하여 2배 이상의 높은 ME 전압 계수를 얻을 수 있으며, 이 효과는 복합체의 공전에서 더욱 극대화 된다.

출원인   한국세라믹기술원

출원일   2016.06.28

등록일   2017.08.09

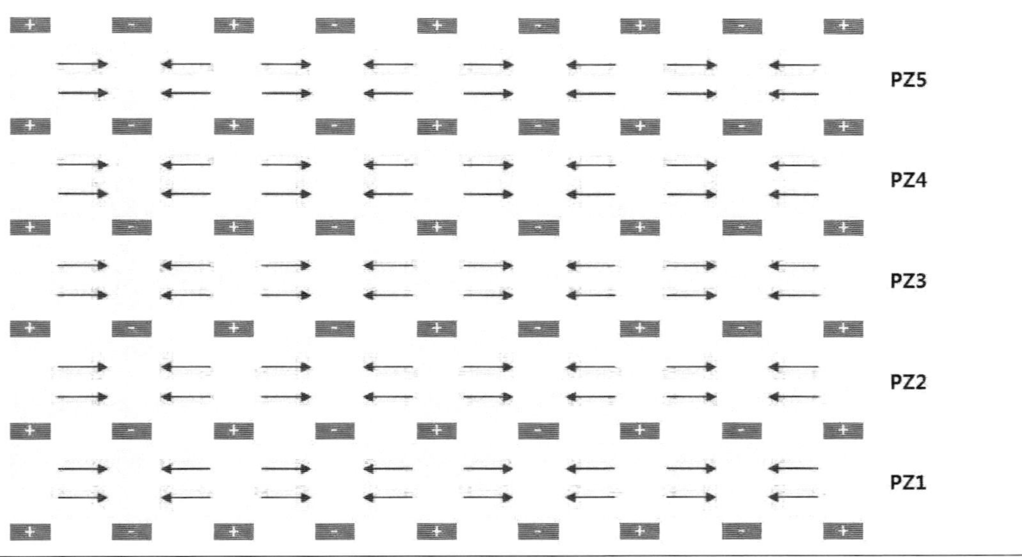

요약

본 발명은 다층 압전 소자 구조체에 관한 것이다. 또한, 본 발명은 이러한 다층 압전 소자 구조체가 자왜 재료를 포함한 내용에 관한 것이다. 본 발명의 압전 소자는 스피커, 액츄에 이터(actuator), 센서, 에너지 하베스터 등 다양한 분야에서 이용될 수 있다.

본 발명의 일 실시예에 따른 다층 압전 소자 구조체는, 둘 이상의 압전 재료 시트들이 적층되어 있고, 상기 압전재료 시트들의 각각의 윗면 및 아랫면에는 전극 패턴들이 배치되며, 상기 전극 패턴들은 제 1 전극 패턴 및 제 2 전극 패턴으로 이루어져 있으며, 상기 제 1 전극 패턴 및 제 2 전극 패턴은 전기적으로 절연되어 있고, 각각 서로 맞물리는 (interdigitated) 전극 패턴을 형성하는 복수의 전극을 포함하고, 상기 전극 패턴들은 상하 방향으로 서로 동일한 형태로 투영되도록 배치된다.

마) 전기유변유체

1	포스포린을 이용한 전기유변유체의 제조 방법

출원인	숭실대학교 산학협력단
출원일	2021.09.30
등록일	2023.09.01

```
                        ┌──────────┐
                        │  시  작  │
                        └──────────┘
                             │
                             ▼
  ┌────────────────────────────────────────────────┐
  │ 볼밀 공정을 통해 적린을 분쇄하여 판상의 흑린 제조   │──── S110
  └────────────────────────────────────────────────┘
                             │
                             ▼
  ┌────────────────────────────────────────────────┐
  │ 흑린을 극성 비양자성 용매에 투입하여 만든 흑린 용액에 │──── S120
  │ 초음파를 인가하고 흑린을 박리하여 포스포린 용액 제조 │
  └────────────────────────────────────────────────┘
                             │
                             ▼
  ┌────────────────────────────────────────────────┐
  │ 원심분리법 및 용매교환법을 이용하여 유기 용매에     │──── S130
  │ 분산된 포스포린 용액을 제조                        │
  └────────────────────────────────────────────────┘
                             │
                             ▼
  ┌────────────────────────────────────────────────┐
  │ 유기 용매에 분산된 포스포린을 실리콘 유체에 분산시켜 │──── S140
  │ 전기유변유체를 제조                               │
  └────────────────────────────────────────────────┘
                             │
                             ▼
                        ┌──────────┐
                        │  종  료  │
                        └──────────┘
```

요약

본 발명은 포스포린을 이용한 전기유변유체의 제조 방법에 관한 것이다. 본 발명에 따르면, 포스포린을 이용한 전기유변유체의 제조 방법에 있어서, 적린을 볼밀(ball mill)을 통해 분쇄하여 판상 형태의 흑린을 제조하는 단계와, 상기 흑린을 극성 비양자성 용매(dipolar aprotic solvent)에 투입하여 흑린 용액을 준비한 후 초음파 인가를 통하여 흑린을 박리하여 판상 형태의 포스포린을 갖는 포스포린 용액을 제조하는 단계와, 원심분리법 및 용매교환법에 의하여 상기 포스포린 용액으로부터 상기 포스포린을 원심 분리하여 회수한 후 다시 유기 용매에 투입 및 분산시켜서 유기 용매에 분산된 포스포린 용액을 제조하는 단계, 및 상기 유기 용매에 분산 제조된 포스포린 용액을 실리콘 유체에 투입 및 분산시켜서 전기유변유체를 제조하는 단계를 포함하는 전기유변유체의 제조 방법을 제공한다.
본 발명에 따르면, 고온 및 고압 공정 없이 기계적 볼밀 및 초음파 공정을 통하여 적린으로부터 포스포린을 높은수율로 대량 생산할 수 있고 생산한 포스포린을 실리콘 유체에 분산시켜 전기유변학적 특성이 우수한 전기유변유체를 제조할 수 있다.

출원인　서울대학교산학협력단

출원일　2010.02.25

등록일　2011.12.05

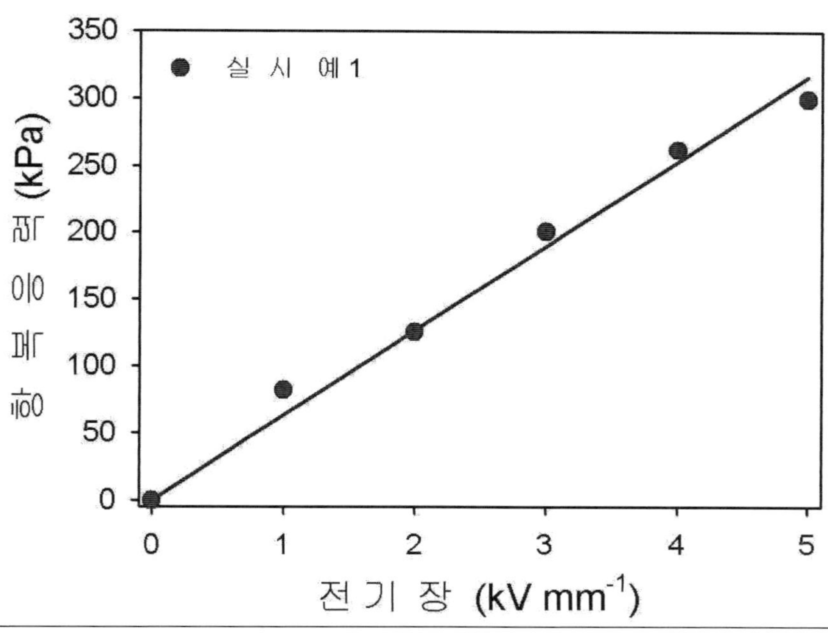

요약

본 발명은 실리카-이산화티타늄 중공구조 나노입자를 포함한 전기유변유체의 제조방법에 관한 것으로, 유전상수가 높은 이산화티타늄을 역평행패어링 효과를 감소시키고, 전기장에 반응하는 계면을 증가시키기 위하여 실리카와 혼합하여 중공구조 입자의 외부벽을 이루게 한 실리카-이산화티타늄 중공구조 나노입자를 절연유체에 도입한 후, 분산시켜 전기유변현상이 효율적으로 나타나는 실리카-이산화티타늄 중공구조 나노입자를 포함한 전기유변유체를 제조하는 방법을 제공한다.

본 발명에 따르면, 실리카-이산화티타늄 중공구조 나노입자가 이산화티타늄과 실리카가 혼합된 외부벽을 가지고, 이로 인하여 많은 이산화티타늄과 실리카의 계면을 가지며, 상기 계면이 전기유변유체에 있어서 저해요소인 역평행패어링 효과를 감소시키고 분극성능을 향상시킴으로써, 높은 항복응력을 가지는 전기유변유체를 용이하게 제조할 수 있는 장점을 가진다. 더욱이, 본 발명에서 제조될 수 있는 실리카-이산화티타늄 중공구조 나노입자를 포함한 전기유변유체는 중공구조 나노입자의 함량, 나노입자의 크기, 이산화티타늄의 도입량에 따라서 항복응력의 용이한 조절이 가능하다.

출원인	국방과학연구소
출원일	2013.09.11
등록일	2015.03.20

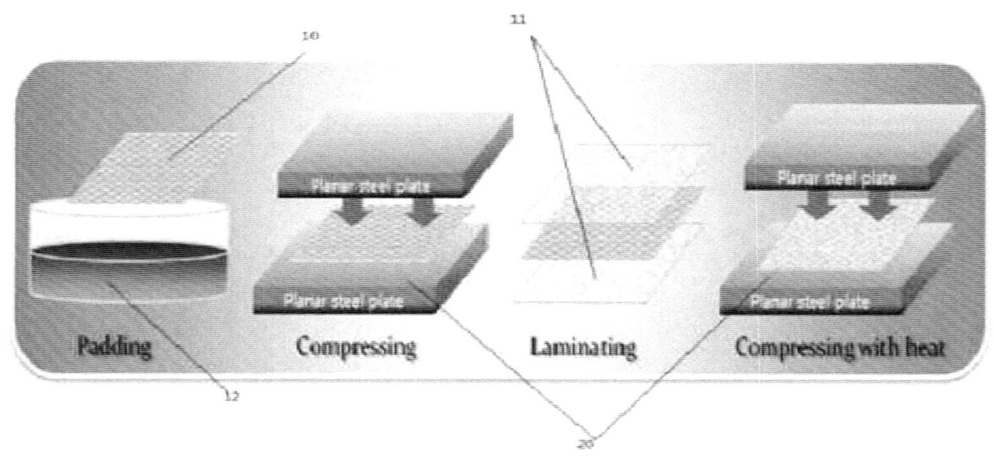

요약

본 발명은 기존 방호재료인 아라미드 섬유에 자기유변유체의 함침 및 폴리우레탄 필름의 적층을 통해 제조될 수 있는 자기유변유체가 함침된 폴리우레탄/아라미드 복합재료 및 그 제조방법을 제공하기 위한 것이다. 또한, 아라미드 섬유기제를 자기유변유체에 함침시키는 단계, 상기 아라미드 섬유기재 외측에 상기 자기유변유체가 함침되어 형성된 중간 조성물을 압축하는 단계, 그리고 상기 중간 조성물의 외측에 폴리우레탄 필름을 점층시키는 단계 및 열압축하는 단계를 특징으로 한다.

본발명의 장점은 기존 방호재료인 아라미드 섬유에 자기유변유체 함침 및 폴리우렌탄 필름의 적층을 통하여 경량성 및 유연성이 뛰어나고 동시에 내열성과 기계적 강도가 우수한 자기유변유체가 함침된 폴리우레탄/아라미드 복합재료를 제조할 수 있는 장점이 있다.

<table><tr><td>**4**</td><td>생분해성 금속으로 도핑된 실리카/티타니아 중공 나노입자와 식물성 오일을 포함하는 전기유변유체</td></tr></table>

출원인	건국대학교 산학협력단
출원일	2020.11.16
등록일	2023.04.21

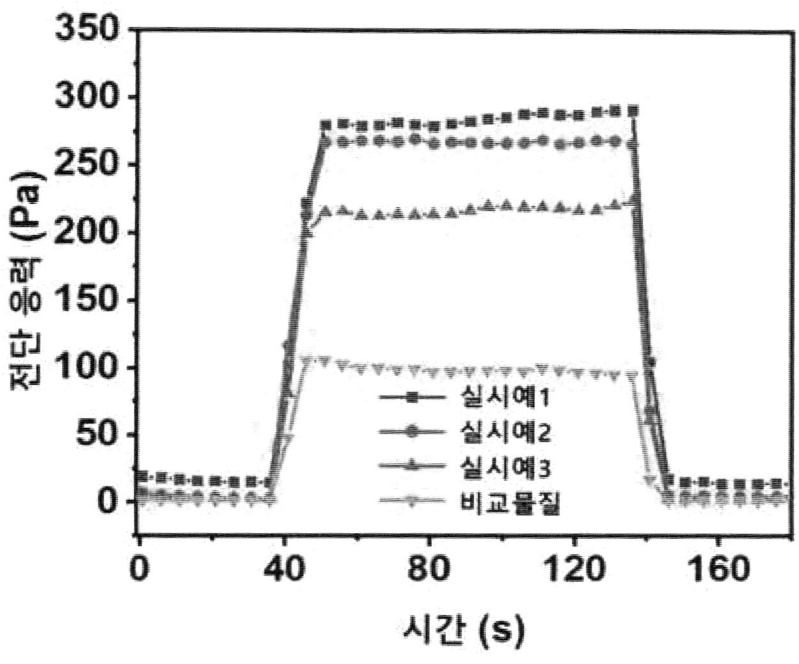

요약

본 발명은 전기유변유체에 관한 것으로서, 생분해성 금속이 도핑된 실리카/티타니아 중공 나노입자가 식물성 오일에 분산된 전기유변유체로서, 상기 실리카/티타니아 중공 나노입자는 실리카와 티타니아가 혼합된 외부벽을 갖는 중공구조의 나노입자임을 특징으로 하는, 실리카/티타니아 중공 나노입자를 포함한 전기유변유체 및 그의 제조방법에 관한 것이다. 본 발명은 전기유변유체의 분산매로 식물성 오일을 사용하고, 생체적합하고 친환경적 소재로 구성된 입자를 사용함으로써 다관절 장치 등 생체재료로의 사용이 가능하여 사용 후 유체의 폐기가 용이한 동시에, 실리카/티타니아 중공 나노입자에 생분해성 금속 도펀트를 도입함으로써 환경에 유해하지 않은 동시에 높은 성능을 나타내는 전기 유변유체를 제조할 수 있다.

나. 4D 스마트 설계 기술 및 프린터

4D 프린팅 사물의 제작과정은 3D 프린터를 이용한 제작과, 프린팅된 사물의 자기조립 혹은 자극반응을 통한 기능 변화라는 두 단계 과정을 거쳐야 한다. 그러므로 4D 프린팅은 프린팅될 사물의 설계와 더불어 최종변형 형상의 시뮬레이션을 필요로 한다.

복잡한 형상 변화나 물성 변화를 구현하기 위해서는 여러 종류의 물질을 한번에 프린팅 할 수 있는 기술이 4D 프린팅의 필수 요소이다. 현재 많은 일반인들을 대상으로 상용화된 3D 프린터들이 2개의 노즐, 때때로 3개의 노즐까지 지원하며 다물질 프린팅을 가능케 하고 있다. 아직 까지는 서로 다른 소재들 사이의 접합 및 프린팅 환경 제어 등 해결해야할 문제들이 많지만, 3D 프린팅 뿐만 아니라 4D 프린팅의 가능성을 넓히기 위해서는 반드시 해결되어야 한다. 오리가미 구조 역시 다물질프린팅을 효과적으로 사용해야하는 구조이다. 오리가미 구조의 접히는 부분은 스마트 소재로, 움직이는 면 부분은 정적 소재로 프린팅하는 하는 등 어떤 부분에 어떤 재료를 이용하는지에 따라 같은 자극에도 구조가 변형되는 정도를 제어할 수도 있기 때문이다.
다물질 프린팅을 기반으로 한 오리가미 구조의 대표적인 예는 MIT의 자가조립연구소와 세계적인 3D 프린터 회사인 스트라타시스 (Stratasys)가 협업하여 다물질 3D 프린터 (Multi-material 3D printer)를 이용해 만든 구조들이라 할 수 있다. 이 구조들은 물과 접촉하며 팽창하는 극친수성 고분자 복합체와 강성의 다른 고분자 복합체를 함께 프린팅하여 만들어진다. 물이라는 외부 환경에 대해 두 물질의 반응에 차이가 나기 때문에, 해당 구조는 프로그래밍된 모양으로 스스로 변형될 수 있다. 예를 들어 1차원의 선형 구조가 'MIT'로 형상이 변하기도 하며, 2차원 전개도 구조가 육면체 형상으로 변하기도 한다. 이처럼 서로 다른 종류의 물질을 어떻게 배치하고 디자인하느냐에 따라, 다양한 자극에 반응하는 다기능 스마트 시스템을 설계할 수 있다.
혹은, 여러 물질을 프린팅에 사용하지 않더라도, 한 가지 물질의 프린팅 패턴과 적층 두께 등을 위치마다 달리하여 다물질의 효과를 내는 경우도 있다. MIT의 자가조립연구소에서 제시한 프로그램 가능한 나무(Programmable woods)는 한 물질로도 다물질의 효과를 낼 수 있는 것을 보여준다. 한 종류의 목재 복합체를 이용하더라도, 프린팅되는 패턴과 두께를 달리하면 강성 차이를 만들어낼 수 있기 때문에, 2차원의 코끼리 전개도 구조는 물에 들어가면 3차원의 코끼리 형상으로 모양이 바뀐다. 또는 이방적인 팽창률을 이용하여 집적 패턴에 따라 반응을 달리하는 하이드로겔 구조를 제작할 수도 있다. 즉, 이러한 방식을 이용하면 같은 형상으로 출력된 물질도 서로 다른 반응성을 갖게 디자인할 수 있다. 하지만 이러한 방식으로 설계할 수 있는 구조와 기능에는 한계가 있으므로, 다물질 프린팅이 반드시 필요하다.

4D 프린팅의 핵심은 프린팅 된 2차원 혹은 3차원 구조물이 원하는 상황과 자극에 따라 다른 적절한 구조 및 기능을 가지도록 바뀌는 것이다. 4D 프린팅에서의 변형은 단순히 프린팅된 구조에서 스마트 소재가 변형되는 것을 반영할 수도 있고, 소재 변형에서 나아가 구조들 사이의 상호작용으로 더 복잡한 형상을 만들 수도 있다. 그러므로 4D 프린팅 사물을 설계하고 구현하는데 있어서는, 3D 프린팅된 구조 뿐만 아니라 자극 반응시 변화될 형상을 예측하고 시뮬레이션할 수 있는 기술이 필수적이다.

　국내에서는 광주과학기술원 (GIST)의 이용구 교수 연구팀이 4D 프린팅 시뮬레이터를 개발 및 연구 중이다. 4D 프린팅 과정에서 목표 구조물을 구현하기 위한 스마트 관절을 자동 배치할 수 있는 자동 설계 방법을 제시하고, 제작된 구조물과 목표 형상의 유사성을 검증하였다. 해외의 4D 프린팅 시뮬레이터의 경우 코넬대학(Cornell University) 연구팀에서 개발한 VoxCAD가 대표적이며, 연성로봇의 디자인 및 시뮬레이션에 활용되고 있다. 소스코드가 공개되어 있는 오픈소스 소프트웨어이므로 필요에 따라 변형시켜 사용할 수 있다. 이외에도 오토캐드 (AutoCAD)가 개발한 4D 프린팅 시뮬레이터 (Project Cyborg)가 존재하고, 기타 상용 소프트웨어를 활용한 4D 프린팅 시뮬레이션도 가능하다

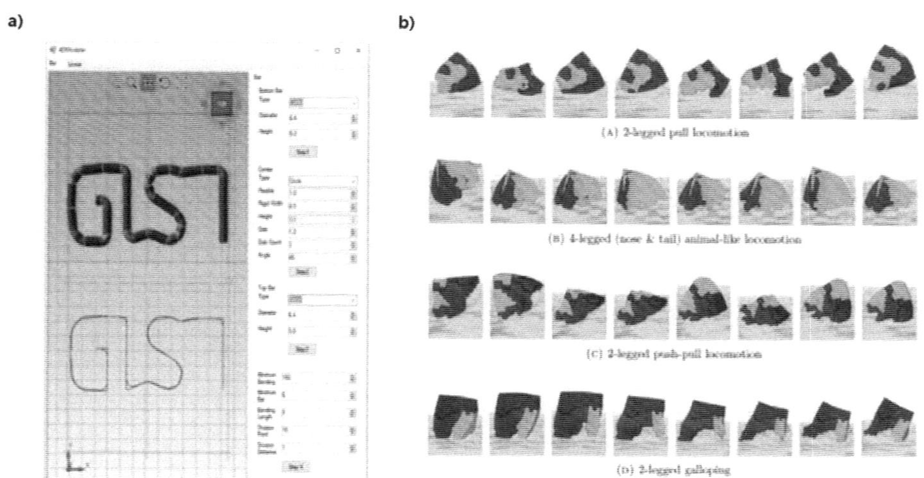

그림 74a) GIST 연구팀의 4D 프린팅 시뮬레이터 b) 코넬 대학 연구팀의 VoXCAD를 이용한 능동변형 구조 시뮬레이션

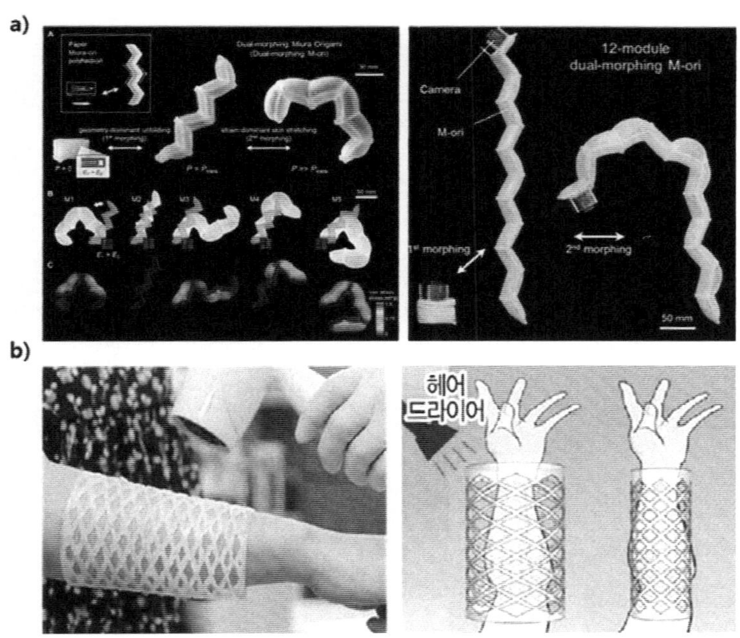

그림 75 a) 서울대학교 연구팀의 오리가미 구조를 이용한 소프트 로봇 b) KIST 연구팀의 4D 깁스

다. 4D 프린팅 사례
1) 아디다스의 런닝화 '알파엣지4D'[16]

[그림 76] 아디다스의 런닝화 '알파엣지4D'

4D프린팅 기술을 이용한 사례로 대표적인 것은 아디다스에서 만든 4D프린팅 기술을 이용해 만든 런닝화 이다. 최근, 신발에도 4D프린팅 기술이 접목되면서 MIT 어셈블리랩에서 선보인 신발은 자유자재로 모습을 바꾸면서, 조깅할때는 발바닥에 가해지는 압력이 높아지기 때문에 신발이 알아서 수축하고, 조깅을 멈추면 신발이 늘어나 착용자의 발을 편안하게 해준다.

이로인해, 아디다스는 4D 프린팅 기술을 적용한 미래형 운동화 '알파엣지4D'를 출시했다. 미국 실리콘밸리 3D프린터 기업인 카본(Carbon)사와 함께 '아디다스 4D' 중창(미드솔)을 발표하면서, 각 선수 에게 필요한 움직임, 편안함을 정확하게 제공해 다양한 지형에서도 빠른 러닝을 즐길 수 있게 되었다.

---

16) 4D프린팅의 시대/ LG이노텍 뉴스룸

2) BMW의 차세대 자동차인 비전넥스트 100[17]

[그림 77] BMW의 차세대 자동차인 비전넥스트 100

또한 4D 프린팅 기술을 이용한 사례로는 4D자동차이다. 최근 BMW가 공개한 비전넥스트100은 4D프린팅 기술의 진수를 보여주는 사례이면서 실물은 아니지만, 전문가에 따르면, BMW에서 공개한 이미지 컨셉카만 보더라도 4D프린팅 기술의 혁신성을 짐작할 수 있다.

비전넥스트100은 4D 프린팅 기술을 적용함으로써, 운전 상황과 환경 조건에 따라 디자인이 변화하는데, 예를 들어 바퀴 휠에 4D 프린팅 신소재를 적용해 험한 도로를 달리거나 급회전으로 운전대를 돌릴 때 바퀴의 외형태가 달라진다. 바퀴뿐만 아니라 4D 프린팅으로 출력한 좌석 덕분에 운전 상황에 맞게 좌석이 자유자재로 팽창했다가 수축하고 또한, 운전자가 차에서 잠시 잠을 청하려고 하면 좌석의 공기압이 변하면서 운전석이 편안한 침대로 변신하기도 한다.

---

17) 4D프린팅의 시대/ LG이노텍 뉴스룸

3) 4D 프린팅 기술 활용 주파수 자가 기억 안테나[18)

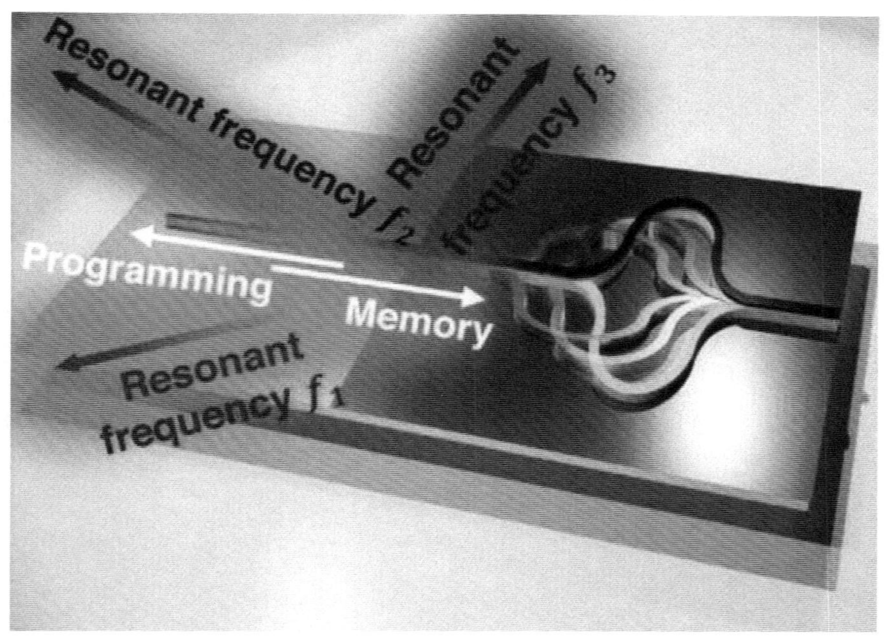

그림 78 아래 주파수 자가 기억 안테나 구조와 주파수 가변 성능 결과

 임성준 교수 연구팀은 4D 프린팅 기술을 안테나에 응용하기 위해 다중 인쇄 공정 기술을 개발했다. 안테나의 주파수 대역을 기억시킴으로써 사람의 개입 없이도 외부 자극에 따라 안테나가 스스로 형상을 변형해 기억한 주파수 대역으로 복구할 수 있도록 했다.

 임 교수 연구팀은 GHz 대역에서 동작하는 RF 회로·부품에 응용하기 위해 4D 프린팅된 구조 위에 전도성 물질을 형성하는 공정 방법을 개발했다. 해당 공정·설계 기술을 5G 무선통신 주파수 대역 안테나에 응용함으로써 세계 최초의 4D 프린팅 기술을 무선통신 분야에 응용하는 연구 성과를 거두게 되었다. 이번 연구 성과는 인간의 개입 없이 안테나가 스스로 외부 환경에 반응해 기능을 가변한다는 점에서 사막이나 우주처럼 인간이 쉽게 접근할 수 없는 척박한 환경에서 빛을 발할 것으로 기대된다.

---

18) 4D 프린팅 기술 활용 주파수 자가 기억 안테나 개발 / 이웃집과학자

4) 4D 프린팅을 이용해 만든 '키네메틱스 드레스'[19]

그림 79 키네메틱스 드레스(Nervous System 공식 홈페이지)

MIT(Massachusetts Institute of Technology) 출신이 창립한 미국의 디자인 스튜디오 너버스 시스템(Nervous Systems)은 4D 프린팅을 이용한 독특한 드레스를 만들었다. 이들이 만든 옷은 2,000개 이상의 부품으로 구성된 '키네메틱스 드레스(Kinematics Dress)'다. 무려 3,316개의 힌지(hinge)로 상호 연결된 2,279개의 독특한 삼각형 패널로 구성되어 있다. 이 옷은 4D 프린팅으로 만든 세계 최초의 드레스라고 평가된다.

너버스 시스템 연구팀은 3D 프린터로 팔찌를 만드는 것을 보고 드레스에 대한 아이디어를 얻었다. 팔찌보다 더 큰 구조물을 만들어야겠다고 생각한 것이다. '한 조각'으로 만든다는 것이 핵심 아이디어였다. 그래서 이들이 만든 드레스는 덩어리 형태로 프린터에서 나온다. 그런데 펼쳐 들면 놀랍게도 시원해 보이는 여성 원피스로 변신한다.

이들이 4D 프린터로 구현한 이 드레스가 일반 3D 프린터로 만들어지는 옷과 다른 점은 사람의 몸에 꼭 맞게 드레스가 변화한다는 점이다. 조각의 패턴은 서로 연결되어 있기 때문에 각각 사람의 체형에 맞춰 변형된다. 지금은 그물 원피스의 모양이지만 앞으로 이 기술이 더욱 발전된다면 미래에는 공장에서 나오는 기성복 치수와 상관없이 자신만의 맞춤옷을 만들어 입을 수 있게 될 것이다.

---

19) SF 영화 속 기술이 현실이 되다! '4D 프린팅' / 삼성디스플레이 뉴스룸

5. 4D 프린팅 기업

5. 4D 프린팅 기업

가. Stratasys

[그림 81] Stratasys

스트라타시스는 세계 1위의 3D 프린터 제조업체로, 미국 스트라타시스와 이스라엘 오브젯이 합병해 탄생한 회사로, 기업 규모로나 기술력 면에서 업계에서 가장 앞섰다는 평가를 받고있다. Stratasys는 1,200건 이상의 특허를 가지고 있으며 자동차, 우주항공, 건축, 소비자제품, 교육, 헬스 케어, 전자 및 중공업등 다양한 산업분야에서 사용되고 있으며, 전 세계적으로 고객을 확보하고 있고 200개 이상의 영업 파트너들이 있고 국내에도 2014년에 스트라타시스 코리아를 설립하였다.

Stratasys는 개인 디자이너에서부터 제품 개발을 위한 협업 및 제조 부서에 이르기까지 고객에게 가장 적합한 FDM 및 PolyJet 3D 프린터를 제공하고 있다. Stratasys는 Idea Series 와 Design Series, Production Series 프린터를 판매하고 있다.

① Idea Series

Idea Series는 전문가용 3D프린터로, Stratasys Mojo 및 uPrint SE Plus 3D가 이 카테고리에 속해있다. Idea Series는 합리적인 가격에 사용할 수 있는 모델이다.

② Design Series

PolyJet 3D 프린팅 기술을 기반으로 하는 정밀 3D 프린터는 최고의 표면 품질, 정교한 디테일 및 이용 가능한 다양한 범위의 재료 특성을 제공하고 향후 완제품과 거의 유사한 외관과 느낌을 가진 색상과 복합 재료를 생산한다. FDM Technology로 한층 강화된 알맞은 3D 프린터는 실제 ABSplus 열가소성 수지로 모델을 제작한다. 이렇게 만든 부품은 내구성이 높고 까다로운 시험을 거쳐도 치수 변형이 거의 없고, 재료가 저렴하므로 반복적으로 작업하고 빈번하게 테스트할 수 있다.

③ Production Series

FDM Technology를 기반으로 하는 이 시스템은 사출 성형, CNC 기계 가공 및 기타 전통적인 제조 공정에 사용되는 동일한 산업용 열가소성 수지를 사용한다. PolyJet 3D 프린팅 기술을 기반으로 하는 이 시스템은 최고의 표면 품질, 정교한 디테일 및 사용 가능한 최대 범위의 재료 특성을 제공한다.

<지속 가능한 친환경 패션 산업을 위한 적층 제조>[20]

패턴 그룹의 R&D 디렉터인 로레토 디 리엔조(Loreto Di Rienzo)는 "지속 가능한 생산은 럭셔리 패션 업계 디자이너들에게 점점 더 중요해지고 있으며, 이는 특히 패턴 그룹 회사인 딜로안 본드 팩토리에도 해당된다"고 말했다. 그는 "스트라타시스의 혁신적인 J850 TechStyle 3D 프린팅 기술을 통해 우리는 폐기물을 줄이고 천연자원에 대한 의존도를 최소화하며 전체 공급망의 환경 영향을 최적화함으로써 혁신적인 기능을 제공할 수 있게 됐다"고 덧붙였다.

디 리엔조는 AMGTA 라이프사이클 연구와 관련해 "스트라타시스와 딜로안 본드 팩토리가 협업한 '비교 분석: 디자인 럭셔리 상품 제작에서 3D 재료 분사 방식과 기존 방식 비교' 보고서에서 밝힌 바와 같이 적층 기술이 최종 결과물의 품질 저하 없이 디자인의 자유를 확장하는 동시에 환경에 미치는 영향을 진정으로 개선한다는 사실을 확인하고 입증할 수 있었다"고 말했다.

셰리 먼로(Sherri Monroe) AMGTA 전무이사는 "적층 제조 도입의 환경적 이점을 밝히기 위해 고안된 일련의 논문 중 세 번째 연구 결과를 발표하게 돼 기쁘게 생각한다. 우리는 광범위한 비즈니스 사례를 위한 제조 주기의 일부로서 적층 제조 기술의 지속 가능한 가치를 더 잘 이해하는 데 필요한 연구와 출판을 발전시키는 데 전념하고 있다. 스트라타시스-딜로언 본드 팩토리 패션 라이프사이클 분석(LCA)은 프린트-투-텍스타일을 평가하는 스트라타시스의 첫 번째 폴리머 프로젝트다. 이 보고서는 세계에서 가장 오염이 심한 산업 중 하나에 영향을 미치는 적층 가공의 가치를 뒷받침하는 중요한 데이터를 제공한다"고 밝혔다.

이 보고서는 더 나은 내일을 위한 3D 프린팅을 위해 지속 가능성, 효율성 및 혁신을 지원하는 접근 방식인 'Mindful Manufacturing'에 대한 스트라타시스의 노력을 보여준다. 환경 문제는 가장 중요하며 비즈니스 성과에 실질적인 영향을 미칠 수 있다. 스트라타시스는 고객과 함께 제조 방식을 재고하고, 프로세스, 제품 및 부품을 재설계하며 사람과 지구를 위해 운영을 최적화하고 있다.

<크랩캐드 프린트 프로 소프트웨어 출시>[21]

스트라타시스(Stratasys)가 최근 인수한 품질 보증 소프트웨어 기업 리븐(Riven)의 품질 보증 기능을 통합한 새로운 그랩캐드 프린트 프로(GrabCAD Print Pro) 소프트웨어를 출시한다.

그랩캐드 프린트는 스트라타시스 3D 프린터의 프린트 준비 프로세스를 관리하는 소프트웨어다. 이번에 출시한 프로 버전은 그랩캐드 프린트의 모든 기본 기능은 물론, 더 나은 시스템 제어·생산 시간 단축·향상된 워크플로우를 통해 대규모 적층 가공을 위한 더 많은 기회를 제공한다.

그랩캐드 프린트 프로 소프트웨어는 최종 사용 부품을 효율적으로 생산하고 대량 생산으로 전환해야 하는 제조업체를 위해 설계된 6개의 기능이 추가됐다.

---

20) 지속 가능한 친환경 패션 산업을 위한 적층 제조 – 스트라타시스, 적층 제조 기술 연구 결과 공유 / MFG
21) 스트라타시스, 그랩캐드 프린트 프로 소프트웨어 출시… "AI기반 품질 관리" / 인더스트리뉴스

△3D 스캐닝과 왜곡 보정을 통해 부품 정확도를 보장하는 Warp Additive Model(WAM) 자동 왜곡 보정 △고객이 빠르고 오류없이 제작을 준비할 수 있도록 표준화된 제조 템플릿 개발 △한 번에 여러 고객 트레이를 추정하는 시간을 크게 단축해 비용 추정 개선 △SAF를 위한 고유 코딩, 일련화 및 배치를 포함한 라벨 생성 △Z축에 부품을 배열하고 부품을 쌓아, 제작 시간을 단축하고 처리량을 늘리는 3D 배열 △검증된 동급 최고의 파트너 플러그인과의 통합 기능으로, 프린트 된 파트의 정확도를 개선하고 낭비를 줄이며 파트 제작 시간을 단축한다.

그랩캐드 프린트 프로는 알파스타(AlphaSTAR)와 캐스터(CASTOR)를 포함해 3D프린팅 품질 보증 소프트웨어 최초로 타사 파트너 플러그인을 지원한다. 스트라타시스에 따르면 알파스타는 프린트 3D프린터 파라미터 및 공구 경로 중심 분석, 품질 평가, 열 공정 시뮬레이션을 제공해 설계 주기를 개선하고 더 적은 반복으로 더 높은 품질의 부품을 생산할 수 있도록 지원한다. 캐스터의 의사 결정 지원 소프트웨어는 수천 개의 부품을 한 번에 자동으로 분석해 적층 제조를 위한 최적의 기회를 식별한다.

캐스터의 공동 설립자이자 CEO인 오메르 블레이어(Omer Blaier)는 "혁신적인 3D프린팅 솔루션 기업 스트라타시스 플랫폼의 일원이 된 것을 기쁘게 생각한다"며, "이번 스트라타시스와의 파트너십을 통해 더 많은 제조업체가 캐스터를 설계 및 생산 플랫폼에 원활하게 통합해 적층 제조 기회를 더 쉽게 파악할 수 있게 될 것"이라고 말했다.

나. Autodesk[22]

[그림 82] Autodesk

오토데스크는 아키텍처, 공학, 제조, 미디어, 엔터테인먼트의 이용을 위해 2차원, 3차원 디자인의 소프트웨어에 초점을 맞춘 미국의 다국적 기업이다. 오토데스크는 1982년에 회사의 대표 캐드 소프트웨어 제품 오토캐드의 초기 버전 공동 제작자 존 워커등 12명이 세웠다. 캘리포니아 산 라파엘에 본사를 두고 있다. 오토캐드, 3D 스튜디오, 3D 스튜디오 맥스, 마야 등의 소프트웨어로 유명하다. 오토데스크는 코로나19 팬데믹에도 연간 두 자릿수 성장을 했다. 2022년 9월 28일 기준 시가총액은 412억달러(약 59조원)다. '퓨전360' '레빗' 등 다양한 설계 소프트웨어를 기반으로 글로벌 기업을 고객사로 확보했다. 테슬라, 폭스바겐, 에어버스, 현대자동차 등이 오토데스크의 제품을 사용해 제품을 설계한다. 월트디즈니, 아마존스튜디오 등도 영화와 애니메이션에 그래픽이나 특수효과 등을 넣을 때 오토데스크 제품을 쓴다.

① 오토캐드

Autodesk의 오토캐드를 이용하면 포괄적인 도면, 편집 및 주석 도구를 사용하여 2D 문서와 도면을 제작할 수 있으며, 3D 모델링 및 시각화 도구를 사용하여 거의 모든 설계를 작성할 수 있다.

② 마야

마야는 Autodesk의 3D 애니메이션 소프트웨어로, 텍스처링, 모델링, 광원 처리, 애니메이팅, 시뮬레이션 및 랜더링 도구가 하나의 일관된 사용자 인터페이스로 통합되어 있다. 컴퓨터 그래픽을 이용한 특수효과는 새로운 영상기법이 가능해졌고, 캐릭터 애니메이션, 비디오 게임, 영화 등의 시각효과 면에서도 다른 프로그램에 견주어 탁월한 편이다.

---

22) 오토데스크/ 위키백과

최근 오토데스크가 자사 최대 연례행사 '오토데스크 유니버시티(AU) 2023'을 열고, 설계부터 생산까지 워크플로우 모든 단계에서 생산성을 높여줄 인공지능(AI) 기술 Autodesk AI를 선보였다. Autodesk AI는 오토데스크 Design&Make 플랫폼에 기본 탑재돼 다양한 오토데스크 제품을 통해 사용자를 지능적으로 보조하고 생성적인 기능을 제공한다. 오토데스크 앤드류 아나그노스트(Andrew Anagnost) 사장 겸 CEO는 "AI 기술을 통해 고객의 당면 과제를 해결할 뿐만 아니라 이를 기회로 전환시킬 수 있을 것"이라며, "오토데스크는 고객의 성공을 돕고 보다 나은 세상을 만드는 데 기여하기 위해 혁신적인 잠재력을 지닌 AI 기술에 지속적으로 투자할 계획"이라고 말했다. 오토데스크 라지 아라수(Raji Arasu) 총괄 부사장 겸 CTO는 "오토데스크는 보안과 윤리적인 AI 관행에 대한 책임감을 갖고 고객의 요구에 부응하는 AI 솔루션을 선보이는데 초점을 맞추고 있다"라며 "Autodesk AI는 설계 및 제조 방식을 개선하기 위해 오토데스크 플랫폼 내 모든 서비스를 통해 제공될 것"이라고 말했다.[23]

---

23) 오토데스크, Autodesk AI 발표 / 국토일보

다. 3D Systems

[그림 83] 3D systems

1983년 3D Systems사의 창립자인 척 헐은 최초의 3D 프린터 부품을 제작했고, 광조형기술(SLA)를 발명했다. 이후 1984년 광조형 기술에 대한 특허를 신청했고, 1986년 3D systems를 창립하며 세계 최초의 3D 프린팅 회사가 탄생하게 되었다.
3D systems는 최고수준의 적층 제조 솔루션과 전문성을 제공하여 각 산업 부문의 발전을 도모한다. 3D systems의 3D 프린터는 크게 금속 프린터, 플라스틱 프린터, 풀 컬러 프린터, 금속 주조 프린터, 치과용 프린터로 나눌 수 있다.

① 금속 프린터
 금속 부품 설계를 재정의하고 간소해진 어셈블리, 경량화로 새로워진 제품, 구성 요소 및 공구를 생산할 수 있으며 소프트웨어, DMP 기술, 인증된 재료와 전문가 응용 분야 지원으로 구성된 통합된 정밀 금속 제조 솔루션을 통해, 시간과 비용을 절약하고 파트 경량화를 달성할 수 있다.

② 플라스틱 프린터
 3D Systems의 플라스틱 3D 프린터는 플라스틱으로 원형제작에서 생산까지 가능한 솔루션이며, 대표적인 예는 생산적이고 효율적인 디지털 제조 솔루션인 Figure 4가 있으면서, 산업용, 치기공, 맞춤형 등 광범위한 소재를 사용해 연간 100만 개가 넘는 부품을 생산하였다.

③ 치과용 프린터
 치과용 프린터는 혁신적인 3D 디지털 치과 솔루션은 새로운 차원의 임상효과, 워크플로 효율성 및 워크플로 자동화를 구현한다. 이 3D프린터는 전문가, 소재 과학자, 응용 분야 엔지니어, 전문 리셀러 팀의 교육 및 지원에 의지하여 혁신을 강화하고 효율적인 디지털 워크플로를 제공한다. 3D프린팅으로 제작된 임플란트는 환자의 척추에 더 잘 맞아 안정성과 편안함을 가져다준다.

　　3D시스템즈는 독일 프랑크푸르트 메세에서 열린 '폼넥스트(Formnext) 2023'에 대규모 부스에서 항공우주, 자동차, 반도체, 쥬얼리 등 다양한 산업에 실제 적용사례와 양산성을 갖춘 새로운 장비 및 소프트웨어를 대거 선보였다.

　　부스에는 3D시스템즈와 협업을 통해 3D프린팅 부품을 생산해 적용 중인 프랑스 르노 자동차의 BWT의 알핀(Apine) F1팀이 실제 레이싱카를 전시했으며, 신제품으로 △속도와 출력 크기를 향상시킨 3D프린터 'PSLA 270'(SLA+DLP 방식 프린터) △사무실에서 안전하게 사용이 가능한 선택적 소결 방식 플라스틱 3D프린터 'SLS 300' △정밀 귀금속 주조용 왁스 3D프린터 'MJP 300W' △3개의 레이저가 장착돼 속도가 향상된 PBF 방식 금속 3D프린터 'DMP Flex 350 Triple' 등이 소개됐다. 빠른 속도로 극한 환경에서 경쟁하는 F1 대회 특성 상 자동차 속도 향상을 위한 디자인 개선 및 경량화와 함께 운전자의 안전을 보장하는 부품 제작이 필수다. 3D시스템즈는 알핀(Apine) F1팀의 레이싱 머신 개선을 위해 추월을 돕고 휠투휠 경주의 가능성을 높이는 드래그 감소 시스템(DRS)에 적용되는 플랩 제어 부품을 10년간 3D프린팅으로 개선하면서 속도 향상 효과를 거뒀다.

　　또한 안정성과 정밀도가 뛰어난 SLA 3D프린터를 활용해 공기 흐름을 원하는 형태로 조절하는 데 사용되는 덕트를 제작했다. 소재는 유연하면서 내구성이 뛰어난 PA(Polyamide)를 사용함으로써 정밀한 공기 흐름을 제어하면서도 극한의 주행 조건에서도 탁월한 성능을 발휘할 수 있게 됐다. 이밖에도 차량이 전복될 때 운전자의 머리가 압박되는 것을 방지하는 롤 후프(Roll Hoop) 부품을 SLA의 QuickCast 기술을 활용해 내부에 중공 형태의 패턴을 프린팅해 최종적으로 티타늄으로 제작하면서 경량화와 내구성을 동시에 확보했다

그림 84 Apine f1팀의 실제 레이싱카 전시

　　3D시스템즈는 세계 적층제조 트렌드인 양산에 초점을 맞춰 신제품 라인업을 강화했다. SLA 프린터의 미래 기술로 이번에 처음 소개된 'PSLA 270' 3D프린터는 정밀도가 높은 대형 부품 제작이 가능한 SLA의 장점과 빠른 제작이 가능한 DLP의 장점이 발휘되도록 설계됐다. 3D시스템즈의 Figure 4와 유사한 다양한 소재를 제공하며 기존 SLA 3D프린터 대비 4~5배 빠른 출력 속도를 자랑하는 PSLA 270은 2024년 출시될 예정이다.24)

---

24) 3D시스템즈, 최종 제품 품질 향상 적층제조 기술·장비 선 / 신소재경제

6. 결론

6. 결론

 4차 산업혁명에 들어와 '3D 프린팅'은 큰 주목을 받았다. 하지만, 3D 프린팅에는 크기의 제한이나 조립의 문제점이 존재한다. 이러한 3D 프린팅의 문제점을 해결하기 위해 차원이 더해진 4D 프린팅이 많은 관심을 받고 있다.

 온도와 시간 등과 같은 외부의 특정 자극 요소에 의해 특성과 습성이 변환하거나 스스로 모양을 변형시키는 4D 프린팅은 3D 프린팅이 활용되었던 다양한 분야에 더욱 더 넓은 활용도를 가지고 사용될 것으로 전망되고 있다.

 4D 프린팅의 활용 예제로는 온도에 반응하는 의수에서부터 신체 내에서 변형이 필요한 인공심장, 인체제 적응하도록 설계된 임플란트까지 다양한 분야를 들 수 있다.

 이로인해, 4D 프린팅은 의료기술 뿐만 아니라 의류, 신발 자동차까지 다양한 분야로 4D 프린팅 사업에 뛰어들고 있는데, 대부분의 기업들은 4D 프린팅을 구현하기 위해 스마트 소재의 개발과 활용에 집중하고 있다.

 최근 주목받기 시작한 4D 프린팅 기술은 인간의 **뼈**를 형상화하기 시작했다. 4D 프린팅 기술은 뼈대에 붙은 신경조직과 골격근, 인대 등도 함께 변화시킨다. 이제 프린터로 자유자재로 변화하는 생명력을 구현하게 된 것이다. 4D 프린터 기술은 기존의 3D 프린팅보다 한층 발전된 기술로 생명과학, 나노과학, 항공우주산업 등과 융합돼 미래 SF 영화보다 더 영화 같고 애니메이션 만화보다 더 만화 같은 첨단기술을 선보일 전망이다.

 또한, 4D프린터를 통해 3D프린터로는 출력이 어려운 대형구조물인 건축물에도 미래의 자동차가 큰 영향을 줄 것이다. 대표적인 목적으로는 군사적 목적으로 유용하게 활용될 전망이면서, 적에게 들키지 않기 위해 위장술을 해야 하는 군인들에게 환경에 따라 변화하는 위장복은 기본이다. 전쟁이나 비상상황이 발생 시 임시 건축물을 짓는 것도 쉽게 해낼 수 있다. 이외에도 4D 프린팅의 활용 분야는 무궁무진하다. 항공 및 우주산업에도 커다란 역할을 하게 될 것이다. 앞으로 4D 프린팅기술이 가져올 미래가 궁금해진다.

7. 참고문헌

7. 참고문헌

1) [과학 핫이슈]3D 넘어서는 4D프린팅, 권건호, 전자신문, 2015.09.07
2) SF 영화 속 기술이 현실이 되다!'4D 프린팅'/ 삼성디스플레이 뉴스룸
3) 미래 사회를 이끌 4D 프린팅 기술, 문명운, 포항공대신문, 2015.10.07
4) 형상기억합금은 변형이 일어나도 처음 모양을 만들었을 때의 형태를 기억하고 있다가 일정 온도가 되면 원래의 형태로 돌아가려는 성질을 가지기 때문에 온도 반응 4D 프린팅 기술에 적절히 사용되고 있다.
5) 3D 프린팅 고분자 소재의 현황과 연구방향, KEIT, 2014.08
6) 3D 프린터 다양한 소재/ 네이버 포스트
7) 3D프린팅 시장 전망 및 산업 활성화 방안 / [기고]권영일 KISTI 데이터분석본부 수도권지원 책임연구원 (신소재경제)
8) 3D프린팅 기술과 산업 동향 / 정보과학회지 (진주보건대학교 강경원)
9) 입자 크기와 분포, 입자형상, 분자량, 융점, 재결정온도, 용해 시 점성, 레이저에 대한 반응성, 휘발성, 잔존 단량체 & 휘발물질 함유 문제, 장시간 고온에서 분자적 변화 양상(열안정성) 등
10) 스마트재료/다이아몬드 kist
11) 스마트 소재 및 구조 기반 4D 프린팅 기술 동향 / 송현서, 김지윤†
울산과학기술원 신소재공학부
12) 4D 프린팅 /해시넷 위키
13) '변화'를 찍어낸다… 4D프린팅의 가능성은? / 시사위크
14) 제조 산업의 혁식 및 스마트 소재의 개발 / NICE평가정보(주), 이혜연 전문연구원
15) 4D 프린팅 기술 및 산업 현황 / KOSEN Report 2021
16) 4D프린팅의 시대/ LG이노텍 뉴스룸
17) 4D프린팅의 시대/ LG이노텍 뉴스룸
18) 4D 프린팅 기술 활용 주파수 자가 기억 안테나 개발 / 이웃집과학자
19) SF 영화 속 기술이 현실이 되다! '4D 프린팅' / 삼성디스플레이 뉴스룸
20) 지속 가능한 친환경 패션 산업을 위한 적층 제조 - 스트라타시스, 적층 제조 기술 연구 결과 공유 / MFG
21) 스트라타시스, 그랩캐드 프린트 프로 소프트웨어 출시… "AI기반 품질 관리" / 인더스트리뉴스
22) 오토데스크/ 위키백과
23) 오토데스크, Autodesk AI 발표 / 국토일보
24) 3D시스템즈, 최종 제품 품질 향상 적층제조 기술·장비 선 / 신소재경제

초판 1쇄 인쇄 2018년 9월 4일
초판 1쇄 발행 2018년 9월 14일
개정판 발행 2024년 1월 29일

편저 ㈜비피기술거래
펴낸곳 비티타임즈
발행자번호 959406
주소 전북 전주시 서신동 780-2 3층
대표전화 063 277 3557
팩스 063 277 3558
이메일 bpj3558@naver.com
ISBN 979-11-6345-500-4(93580)

이 도서의 국립중앙도서관 출판예정도서목록(CIP)은 서지정보유통지원시스템 홈페이지
(http://seoji.nl.go.kr)와 국가자료공동목록시스템 (http://www.nl.go.kr/kolisnet)에서 이용
하실 수 있습니다.